이산수학 문제탐구

윤영진 지음

KyoWooSa 教友社

✎ 머리말

현대인 대부분은 매일 컴퓨터와 함께 생활하고 있다. 특히 중·고등학생, 대학생들은 더욱 더 컴퓨터와 가까워져 수업, 자료 조사, 복잡한 계산, 통계 처리 등 그 사용은 무궁무진하다.

수학에 비해 그 역사가 매우 짧지만 컴퓨터과학이 급속히 발전해감에 따라 이제 수학과 컴퓨터과학은 서로 동반자 관계가 되었다. 현대에 있어서 컴퓨터는 수학 문제를 해결하는 도구일 뿐만 아니라, 또한 수학이 컴퓨터의 문제를 해결해 주는 논리적 근거를 제공하기도 한다. 효율적인 컴퓨터 프로그램을 작성하고 자료구조를 능률적으로 설계하기 위해서 적절한 수학적 모델을 선택하는 것이 무엇보다 중요하다. 따라서 '컴퓨터 수학'이라고 말할 수 있는 '이산수학(discrete mathematics)'의 중요성은 그 어느 때보다 더욱 크다.

이 책에서 다룬 내용은 가장 기본적인 이산수학에 관한 것으로서, **경우의 수, 순열과 조합, 이항계수, 비둘기집의 원리, 램지수, 포함배제의 원리, 집합과 수의 분할, 생성함수, 점화식**이다.

이 책은 학부 혹은 대학원에서 이산수학 교재로 이용될 수 있고, 수학올림피아드나 경시대회를 준비하는 학생들에게도 도움이 되리라고 생각된다. 특별히 많은 예제와 연습문제를 수록하였고 거의 모든 연습문제의 해답을 본 책에서 확인할 수 있다.

이 책이 나오기까지 도와주신 도서출판 교우사 여러분께 진심으로 감사를 표합니다. 마지막으로 항상 옆에서 믿고 격려해 주는 사랑하는 아내와 은혜에게 이 책을 드립니다.

2009년 8월

저자 씀

목 차

Chapter 1

순열(permutation)과 조합(combination)

이 장에서는 이산수학에서 개수를 세는데 있어 가장 기본이 되는 개념인 분할, 합의 법칙, 곱의 법칙, 순열, 중복순열, 원순열, 같은 것이 있는 순열, 조합, 중복조합에 대해 알아본다.

순열은 순서가 주어져 있는 것이고, 조합은 순서가 무시되는 것이라 생각하면 된다. 그리고 집합(set)의 원소들은 모두 다르지만, 중복집합(multiset)의 원소들은 같은 원소들도 가능하다.

1.1 경우의 수

다음 개념은 전체가 그 부분들의 합과 같다는 사실을 수학적으로 표현한 것이다.

집합 S의 부분집합 S_1, S_2, $\cdots$, S_m이 다음 세 가지 조건을 만족할 때, S_1, S_2, $\cdots$, S_m을 S의 **분할**(partition)이라 한다.

(i) S의 각 원소가 단 하나의 S_i에 속한다.

(ii) $S = S_1 \cup \cdots \cup S_m$

(iii) 임의의 $1 \leqq i \neq j \leqq m$에 대하여 $S_i \cap S_j = \varnothing$

그리고 각각의 S_i는 분할의 **부분**(parts)이라 한다.

합의 법칙(Addition Principle) :

집합 S의 부분집합 $S_1, S_2, \cdots, S_m$이 S의 분할일 때,

$$|S| = |S_1| + |S_2| + \cdots + |S_m|$$

합의 법칙을 집합론적 용어로 표현한 것은 다음과 같다.

유한집합 $A_1, A_2, \cdots, A_k (k \geqq 1)$가 서로소 즉 $A_i \cap A_j$, $i, j = 1, 2, \cdots, k$, $i \neq j$ 일 때,

$$\left|\bigcup_{i=1}^{k} A_i\right| = |A_1 \cup A_2 \cup \cdots \cup A_k| = \sum_{i=1}^{k} |A_i|$$

예제 1.1

$A = \{(x, y) \in \mathbb{Z} \times \mathbb{Z} : |x| + |y| \leqq 10\}$에 있는 원소의 개수를 구하여라.

[풀이1] $A_n = \{(x, y) \in \mathbb{Z} \times \mathbb{Z} : |x| + |y| \leqq n\}$로 놓자. 그러면 $\{A_0, A_1 - A_0, \cdots, A_{10} - A_9\}$는 A의 분할이다. 그리고 $A_0 = \{(0, 0)\}$이고, $A_i - A_{i-1} = \{(x, y) \in \mathbb{Z} \times \mathbb{Z} : |x| + |y| = i\}$이므로 $|A_i - A_{i-1}| = 4i$이다. 따라서

$$\begin{aligned} |A| &= |A_0| + |A_1 - A_0| + \cdots + |A_{10} - A_9| \\ &= 1 + \sum_{i=1}^{10} 4i = 1 + 4 \cdot \frac{10 \cdot 11}{2} = 221 \end{aligned}$$

[풀이2] A에 원점이 있고, 양의 x축 위에 10개의 점이 있으며, 1사분면에 점이 $1 + 2 + \cdots + 9 = 45$개 있으므로 합의 법칙에 의해 A에 있는 원소의 개수는 $1 + 4 \cdot 10 + 4 \cdot 45 = 221$

[풀이3] 구하는 답은 $11^2 + 10^2 = 121 + 100 = 221$

예를 들어, $|A_2| = 3^2 + 2^2 = 9 + 4 = 13$

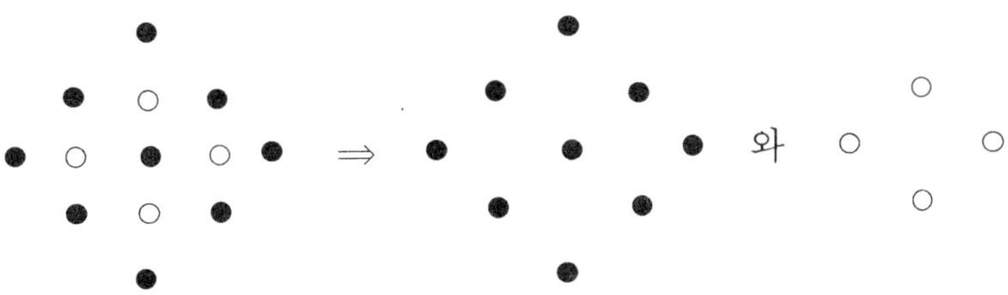

[풀이4] $(1+3+5+\cdots+21)+(1+3+5+\cdots+19) = 11^2 + 10^2 = 221$ ■

다음 법칙은 두 집합 P, Q에 대해 기술했지만 유한 개의 집합으로 확장될 수 있다.

곱의 법칙(Multiplication Principle)

$S = \{(a,\ b):\ a \in P,\ b \in Q,\ |P| = p,\ |Q| = q\}$ 일 때,

$|S| = pq$

참고로, 곱의 법칙은 합의 법칙으로부터 유도된다. $a_1, \cdots, a_p$를 P의 원소라 하자. 그리고 $S_i = \{(\mathrm{a_i},\ \mathrm{b}):\ \mathrm{b} \in \mathrm{Q}\}$로 놓으면, $S_1, \cdots, S_p$는 S의 분할이다. 따라서 합의 법칙에 의해

$|S| = |S_1| + \cdots + |S_p| = pq$

곱의 법칙을 다음과 같이 표현할 수 있다.

두 사건 P, Q에 대하여 P가 일어나는 경우의 수가 p, 그 각각에 대하여 Q가 일어나는 경우의 수가 q일 때, 사건 P와 Q가 동시에 일어나는 경우의 수는 pq이다.

곱의 법칙을 집합론적 용어로 표현한 것은 다음과 같다.

유한집합 $A_1,\ A_2,\ \cdots,\ A_r$의 데카르트 곱

$$\prod_{i=1}^{r} = A_1 \times A_2 \times \cdots \times A_r = \{(a_1,\ a_2,\ \cdots,\ a_r) \mid a_i \in A_i,\ i=1,\ 2,\ \cdots,\ r\}$$

에 대하여

$$\left|\prod_{i=1}^{r} A_i\right| = |A_1 \times A_2 \times \cdots \times A_r| = \prod_{i=1}^{r} |A_i|$$

예제 1.2

두 자리 숫자로 각 자리수의 숫자가 0이 아니며, 서로 다른 수는 몇 개인가?

[풀이1] $S=\{(a,\ b):1 \leqq a,\ b \leqq 9,\ a \neq b\}$의 개수가 구하는 답이다.

임의의 $a=1,\ 2,\ \cdots,\ 9$에 대하여 $S_a=\{(a,\ b): b=1,\ 2,\ \cdots,\ 9,\ b \neq a\}$로 놓으면 $S_1,\ \cdots,\ S_9$는 S의 분할이고 $|S_1|=\cdots=|S_9|=8$이다. 따라서 곱의 법칙에 의해 구하는 답은

$$9 \times 8 = 72$$

이다.

[풀이2] 여집합을 이용하자. 두 자리 숫자 중에서 자리수가 0인 것이 10, 20, ..., 90의 9개이고 두 자리수가 같은 수는 11, 22, ..., 99의 9개이므로 구하는 답은

$$90-9-9=72$$ ■

예제 1.3

1과 1000사이에 있는 정수로 꼭 한 숫자만 5인 정수는 몇 개인가?

[풀이1] 조건을 만족하는 집합 S는 다음과 같은 분할 $S_1,\ S_2,\ S_3$을 가진다. 즉

$$S_1 = \{5\}$$

$$S_2 = \{\times 5,\ 5\times\}$$

$$S_3 = \{\times\times 5,\ \times 5 \times,\ 5\times\times\}$$

그런데

$$|S_1| = 1$$

$$|S_2| = 8 + 9 = 17$$

$$|S_3| = 8 \times 9 \times 2 + 9^2 = 225$$

이므로 구하는 답은

$$|S| = |S_1| + |S_2| + |S_3| = 243$$

[풀이2] 1과 1000사이에 있는 정수에서 5를 005로, 25를 025로 간주하자. 조건을 만족하는 집합 S의 원소는 모두 세 자리 수로 간주된다.

S_i'을 i번째 자리에 5가 있는 S의 부분집합이라 하면, S는 S_1', S_2', S_3'으로 분할된다. 각 S_i'은 $9 \times 9 = 81$개의 원소를 가지므로 S에 있는 원소의 개수는

$$3 \times 81 = 243$$

이다. ■

예제 1.4

문자 a, b, c, d, e, f 중 3개를 선택하여 문자열을 만들려고 한다. 다음 조건이 주어졌을 때 이러한 문자열을 몇 개 만들 수 있는가?

(1) 중복을 허락했을 때,

(2) 중복을 허락하지 않을 때,

(3) e를 반드시 포함하고 중복을 허락하지 않을 때,

(4) e를 반드시 포함하고 중복을 허락했을 때.

[풀이] (1) 중복을 허락했으므로, 세 문자를 배열할 각 자리에 a, b, c, d, e, f총 6가지 문자를 임의로 선택할 수 있다. 곱의 법칙을 이용하면 $6 \times 6 \times 6 = 216$가지이다.

(2) 중복을 허락하지 않으므로 첫 번째 자리에 넣을 수 있는 문자는 6가지, 두 번째 자리에 넣을 수 있는 문자는 5가지, 세 번째 자리에 넣을 수 있는 문자는 4가지이다. 따라서 곱의 법칙에 의해 $6 \times 5 \times 4 = 120$가지이다.

(3) e를 세 자리 중 어느 한 자리에 배치한다고 하면, 문자를 넣을 자리가두 개 남는다. 따라서 중복을 허락하지 않으므로, 나머지 두 자리 중 어느 한 자리에 넣을 수 있는 문자의 수는 5가지이다. 그리고 마지막으로 남은 자리에 넣을 수 있는 문자의 수는 4가지이다. 따라서 구하는 경우의 수는 $3 \times 5 \times 4 = 60$이다.

(4) 겹치는 경우가 생기지 않도록 하기 위해, 다음 세 가지 부분으로 분할을 만들자.

(i) 먼저 첫 번째 자리에 e가 오는 경우로서, 경우의 수는 6×6이다.

(ii) 첫 번째 자리에 e가 오지 않고 두 번째 자리에 e가 오는 경우로서, 경우의 수는 5×6이다.

(iii) 첫 번째와 두 번째 자리에 e가 오지 않고 세 번째 자리에 e가 오는 경우로서, 경우의 수는 5×5이다.

따라서 구하는 답은 $6\times6+5\times6+5\times5=91$이다.

(4') 위와 다른 분할을 만들어 보자.

(i) e의 개수가 3인 경우는 1가지

(ii) e의 개수가 2인 경우는 $3\times5=15$가지

(ii) e의 개수가 1인 경우는 $3\times5^2=75$가지

따라서 구하는 답은 $1+3\times5+3\times5^2=91$이다. ■

예제 1.5

8개의 동일한 오렌지와 5개의 동일한 사과가 있을 때, 공집합이 아닌 서로 다른 집합을 만들 수 있는 방법의 수는 몇 가지인가?

[풀이] 오렌지 수와 사과 수가 각각 다르게 다루어져야 할 것이다. 먼저 오렌지 수는 0, 1, 2, ⋯, 8이 가능하므로 총 9가지 경우를 생각할 수 있다. 그리고 사과 수는 0, 1, 2, ⋯, 5가 가능하므로, 총 6가지 경우를 생각할 수 있다. 따라서 곱의 법칙에 의해 전체 경우의 수는 $9\times6=54$이고, 구하는 공집합이 아닌 서로 다른 집합을 만들 수 있는 방법의 수는 $54-1=53$이다. ■

예제 1.6

검은색과 흰색의 바둑돌이 충분히 있다. 이 바둑돌 중 임의로 6개를 뽑아 다음 두 조건을 만족하도록 일렬로 나열하는 경우의 수는?

(가) 맨 앞에는 검은 돌이 온다.
(나) 검은 돌끼리는 이웃하지 않는다.

[풀이] 첫 번째는 무조건 검은 돌, 두 번째는 무조건 흰 돌이므로 구하는 경우의 수는 3번째부터 6번째에 놓는 바둑돌 4개를 나열하는 경우의 수와 같다.

흰 돌을 ○, 검은 돌을 ×라 하면

(i) 흰 돌 4개 일 때, ○○○○의 1가지

(ii) 흰 돌 3개, 검은 돌 1개일 때, ×○○○, ○×○○, ○○×○, ○○○×의 4가지

(iii) 흰 돌 2개, 검은 돌 2개일 때, ○×○×, ×○×○, ×○○×의 3가지

따라서 구하는 경우의 수는 $1+4+3=8$ ■

예제 1.7

1부와 2부로 나누어 진행하는 어느 음악회에서 독창 2팀, 중창 2팀, 합창 3팀이 모두 공연할 때, 다음 두 조건에 따라 7팀의 공연 순서를 정하려고 한다.

> (가) 1부에는 독창, 중창, 합창 순으로 3팀이 공연한다.
> (나) 2부에는 독창, 중창, 합창, 합창 순으로 4팀이 공연한다.

이 음악회의 공연 순서를 정하는 방법의 수는? (2008학년도 본수능)

[풀이] 1부에서 독창, 중창, 합창 순으로 3팀이 공연하는 방법의 수는

$$2\times 2\times 3=12(\text{가지})$$

2부에서 독창, 중창, 합창, 합창 순으로 4팀이 공연하는 방법의 수는

$$1\times 1\times 2\times 1=2(\text{가지})$$

따라서 구하는 방법의 수는

$$12\times 2=24(\text{가지})$$ ■

예제 1.8

그림과 같은 모양의 종이에 서로 다른 3가지 색을 사용하여 색칠하려고 한다. 이웃한 사다리꼴에는 서로 다른 색을 칠하고, 맨 위의 사다리꼴과 맨 아래의 사다리꼴에 서로 디른 색을 칠한다. 5개의 사다리꼴에 색을 칠하는 방법의 수를 구하시오. (2009학년도 6월 모의)

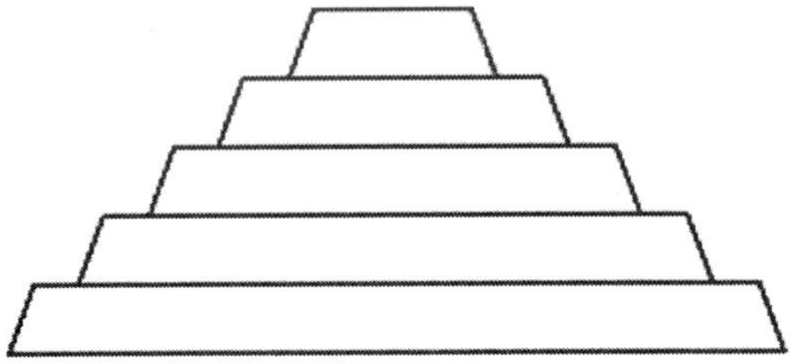

[풀이] 서로 다른 3가지 색을 A, B, C라 하자. 맨 위와 맨 아래 사다리꼴에 3가지 색 A, B, C를 칠하는 방법의 수는

$$3 \times 2 = 6(\text{가지})$$

맨 위와 맨 아래 사다리꼴에 A와 B를 각각 칠한다면 가운데 세 사다리꼴에 칠하는 방법의 수는

$$ABACB,\ ABCAB,\ ACACB,\ ACBAB, ACBCB$$

의 5가지이므로 구하는 답은

$$6 \times 5 = 30(\text{가지})$$

■

1.2 순열(permutation)과 조합(combination)

n개의 원소로 이루어진 집합이 있다. 양의 정수 r에 대하여 r−**순열**(permutation)은 그 집합에서 r개를 선택하여 순서가 있게 나열한 것이다.

예를 들어, $S = a,\ b,\ c$일 때 S의 세 개의 1−순열은

$$a,\ b,\ c$$

이고, S의 여섯 개의 2−순열은

$$ab,\ ac,\ ba,\ bc,\ ca,\ cb$$

이고, S의 여섯 개의 3−순열은

$$abc,\ acb,\ bac,\ bca,\ cab,\ cba$$

이다.

n개의 원소로 이루어진 집합에서 r−순열의 개수를 $P(n,\ r)$로 표시한다. 위에서

$$P(3,\ 1)=1,\ P(3,\ 2)=6,\ P(3,\ 3)=6$$

임을 알 수 있다.

곱의 법칙으로부터 다음과 같은 식을 얻을 수 있다.

정리 1.1 순열

임의의 양의 정수 n, r $(r \leq n)$에 대하여,

$$P(n,\ r)=n(n-1)\cdots(n-r+1)=\frac{n!}{(n-r)!}$$

특별히, $r>n$일 때 $P(n,\ r)=0$, 그리고 $r=0$일 때, $P(n,\ 0)=1$로 정의한다.

예제 1.9

$\{1,\ 2,\ 3,\ 4,\ 5,\ 6,\ 7\}$에서 각 자리수가 다르고, 5와 6이 이웃하지 않는 4자리의 수는 몇 개인가?

[풀이1] $\{1,\ 2,\ \cdots,\ 7\}$에서 각 자리수가 다른 4자리의 수에 대한 경우의 수는 $P(7,\ 4)$이다. 그 중에서 56이나 65가 나타나는 경우의 수를 제외시키면 되므로 5와 6을 제외한 5개의 수에서 2개를 뽑아 나열하고 56이나 65를 그 사이나 가장자리에 놓으면 된다. 즉, 구하는 답은

$$P(7,\ 4)-P(5,\ 2)\times 3\times 2=720$$

이다.

[풀이2] 다음 세 가지 경우로 나누어 생각하자.

(i) 5와 6이 나타나지 않는 경우 : 구하는 경우의 수는 $P(5,\ 4)=120$

(ii) 5나 6중에 하나만 나타나는 경우 : 예를 들어, 5만 나타나는 경우, 5개의 수에서 3개를 뽑아 나열하고 5를 그 사이나 가장자리에 놓으면 된다. 따라서 구하는 경우의 수는

$$2\times P(5,\ 3)\times 4=480$$

(iii) 5와 6이 둘 다 나타나는 경우 : 먼저 5와 6을 제외한 5개의 수에서 2개를 뽑아 나열하고 5와 6을 이웃하지 않게 그 사이나 가장자리에 놓으면 된다. 따라서 구하는 경우의 수는

$$P(5,\ 2)\times 3\times 2=120$$

그러므로 구하는 경우의 수는

$$120+480+120=720$$ ■

위에서 다룬 순열은 직선 위에 나열한 것으로 볼 수 있으므로 선형순열(linear permutation)이라 한다. 반면에 원 위에 나열한 것은 원순열(circular permutation)이라 부른다.

만약 6명을 원형 식탁에 앉힌다면, 다음 선형순열

123456, 234561, 345612, 456123, 561234, 612345

은 같은 원순열로 간주된다. 따라서 다음 공식을 얻는다.

정리 1.2 원순열

n개의 원소 중에서 r개를 뽑아 원 위에 나열하는 방법의 수는

$$\frac{P(n,\ r)}{r}=\frac{n!}{r(n-r)!}$$

특별히 $r=n$일 때, 그 방법의 수는 $(n-1)!$

예제 1.10

7명이 둥근 식탁에 앉는데 특정한 두 명이 서로 이웃해 앉지 않는다. 가능한 경우의 수를 구하라.

[풀이1] 7명이 둥근 식탁에 앉히는 경우의 수는 $6!$이다. 그 중에서 두 사람이 이웃하며 7명이 둥근 식탁에 앉는 경우의 수는 $2\times 5!$이다. 따라서 구하는 방법의 수는

$$6!-2\times 5!=4\times 5!=480$$

[풀이2] 서로 이웃해 앉지 않을 두 사람을 a, b라 하자. 먼저 a를 식탁에 앉히면 b를 그 옆에 앉힐 수 없으므로 a의 왼쪽에 앉힐 수 있는 경우의 수가 5가지, 그리고 a의 오른쪽에 앉힐 수 있는 경우의 수가 4가지, 그리고 나머지 자리에 앉힐 수 있는 경우의 수가 $4!$이다. 따라서 구하는 방법의 수는

$$5 \times 4 \times 4! = 480$$ ■

n개의 원소로 이루어진 집합이 있다. 양의 정수 r에 대하여 r-조합(combination)은 순서를 고려하지 않고 n개 중에서 r개를 택하기만 한 것이다.

예를 들어, $S = \{a, b, c, d\}$일 때, S의 네 개의 1-조합은

$$\{a\}, \{b\}, \{c\}, \{d\}$$

이고, S의 여섯 개의 2-조합은

$$\{a, b\}, \{a, c\}, \{a, d\}, \{b, c\}, \{b, d\}, \{c, d\}$$

이고, S의 네 개의 3-조합은

$$\{a, b, c\}, \{a, b, d\}, \{a, c, d\}, \{b, c, d\}$$

이고, S의 한 개의 4-조합은

$$\{a, b, c, d\}$$

이다.

n개의 원소로 이루어진 집합에서 r-조합의 개수를 $\binom{n}{r}$ 또는 ${}_nC_r$로 표시한다.

즉 $\binom{n}{r}$은 r-부분집합의 개수를 의미한다.

위에서

$$\binom{4}{1} = 4, \ \binom{4}{2} = 6, \ \binom{4}{3} = 4, \ \binom{4}{4} = 1$$

임을 알 수 있다. $\binom{n}{r}$은 $(x+y)^n$을 전개했을 때의 그 역할 때문에 종종 **이항계수**(binomial coefficient)라 부른다. 다음 장에서 이항계수에 대해 공부할 것이다. 일반적으로 $\binom{n}{r}$을 영어로 'n-choose-r'로 읽는다.

정리 1.3 조합

임의의 양의 정수 n, $r\,(r \leq n)$에 대하여,

$$\binom{n}{r} = \frac{P(n,\ r)}{r!} = \frac{n!}{r!(n-r)!}$$

특별히, $r > n$일 때, $\binom{n}{r} = 0$, 그리고 $r = 0$일 때, $\binom{n}{0} = 1$로 정의한다.

예제 1.11

어느 세 점도 일직선 위에 있지 않은 15개의 점이 평면 위에 있을 때, 가능한 직선의 수와 삼각형의 수를 구하라.

[풀이] 어느 세 점도 일직선 위에 있지 않으므로, 임의의 두 점이 한 직선을 결정한다. 따라서 가능한 직선의 수는

$$\binom{15}{2} = \frac{15 \cdot 14}{2} = 105$$

이다. 마찬가지로 임의의 세 점이 한 삼각형을 결정하므로 가능한 삼각형의 수는

$$\binom{15}{3} = \frac{15 \cdot 14 \cdot 13}{3 \cdot 2} = 455$$

이다. ■

정리 1.4

n개의 원소로 이루어진 집합의 부분집합의 개수는

$$\binom{n}{0} + \binom{n}{1} + \binom{n}{2} + \cdots + \binom{n}{n} = 2^n$$

[증명1] n-집합 S의 부분집합의 개수를 두 가지 다른 방법으로 계산함으로써 이 정리를 증명하려고 한다.

(i) $\binom{n}{r}$은 r-부분집합의 개수를 의미하므로, $\binom{n}{0}=1$은 공집합의 개수, $\binom{n}{1}=n$은 단원소 집합의 개수, $\binom{n}{2}$는 이원소 집합의 개수, $\cdots$, $\binom{n}{n}=1$은 전체 집합의 개수를 의미한다. 따라서 $\binom{n}{0}+\binom{n}{1}+\binom{n}{2}+\cdots+\binom{n}{n}$은 n-집합 S의 부분집합의 전체 개수를 의미한다.

(ii) $S=\{x_1, x_2, \cdots, x_n\}$일 때, S의 임의의 부분집합은 각각의 원소 x_i가 그 부분집합에 속하는 경우와 속하지 않는 경우의 두 가지 선택에 달려 있다. 즉, 각 원소 x_i에 대해 두 가지 경우가 가능하므로 곱의 법칙에 의해 S의 부분집합의 전체 개수는 2^n이다.

[증명2] 이항정리를 이용한다. 즉 $(1+x)^n=\sum_{k=0}^{n}\binom{n}{k}x^k$에서 $x=1$을 대입하면 된다.

■

정리 1.4의 증명에서와 같이, 동일한 집합을 서로 다른 방법으로 개수를 세서 등식을 유도해 내는 증명법이 조합수학에서는 자주 등장하는 중요한 증명법이다. 이를 **조합수학적 증명**(combinatorial proof)이라 한다.

예제 1.12

다음 등식을 증명하라.

$$1+2+\cdots+n=\binom{n+1}{2}$$

[증명1] Gauss 증명 방법

[증명2] n에 관한 수학적 귀납법

[증명3] 집합 $\{1, 2, \cdots, n+1\}$의 2-조합의 개수는 $\binom{n+1}{2}$이다. 이제 이 2-조합들을 그들이 포함하는 최대 정수에 따라 분할하자. 각각의 $i=1, 2, \cdots, n+1$에 대하여 i를 최대 정수로 갖는 2-조합의 개수는 $i-1$이다. (왜냐하면 가능한 다른 정수가 $1, 2, \cdots, i-1$이기 때문이다.)

따라서 합의 법칙에 의해, 집합 $\{1, 2, \cdots, n+1\}$의 2-조합의 개수는 $1+2+\cdots+n$이다. 그러므로 조합수학적 증명에 의해

$$1+2+\cdots+n=\binom{n+1}{2}$$ ■

중복집합(multiset)은 원소들의 반복이 허용된 집합을 의미한다. 물론 **집합**(set)에서의 원소들은 반복이 허용되지 않는다. 예를 들어, 중복집합

$$M=\{a, a, a, b, c, c, d, d, d, d\}$$

은

$$M=\{3\cdot a, 1\cdot b, 2\cdot c, 4\cdot d\}$$

로 표시할 수 있고, 여기서 3, 1, 2, 4를 중복집합 M의 **중복수**(repetition number)라고 부른다.

이제 중복집합의 순열 즉 중복순열에 대해 알아보자. 먼저 k개의 서로 다른 종류의 원소가 있고 각 종류의 중복수가 무한히 많은 경우를 살펴보자.

정리 1.5 중복순열

중복집합 $S=\{\infty\cdot a_1, \infty\cdot a_2, \cdots, \infty\cdot a_k\}$에서 r개를 뽑아 나열하는 방법의 수는 k^r이다.

예를 들어, 4자리수 이하인 3진법수의 개수는 $3^4=81$이다.

예제 1.13

세 숫자 1, 2, 3을 중복 사용하여 네 자리의 자연수를 만들 때, 1과 2가 모두 포함되어 있는 자연수의 개수는? (2004학년도 본수능)

[풀이] (i) 세 숫자 1, 2, 3을 중복 사용하여 만든 네 자리의 자연수의 개수는

$3^4=81$(개)

(ii) (i)에서 1이 포함되어 있지 않은 자연수의 개수는 $2^4 = 16$(개)

(iii) (i)에서 2가 포함되어 있지 않은 자연수의 개수는 $2^4 = 16$(개)

(iv) (i)에서 1, 2가 모두 포함되어 있지 않은 자연수의 개수는 1(개)

따라서 구하는 답은

$$81 - 16 - 16 + 1 = 50$$ ■

이제 k개의 서로 다른 종류의 원소가 있고 각 종류의 중복수가 유한한 경우를 살펴보자.

정리 1.6 같은 것이 있는 순열

중복집합 $S = \{n_1 \cdot a_1,\ n_2 \cdot a_2,\ \cdots,\ n_k \cdot a_k\}$, $n = n_1 + n_2 + \cdots + n_k$일 때, S의 모든 원소를 순서 있게 나열하는 방법의 수는

$$\frac{n!}{n_1!\, n_2! \cdots n_k!}$$

[증명] n개의 자리 중에서 n_1개의 a_1을 배치할 자리를 정하는 경우의 수가 $\binom{n}{n_1}$이다. a_1을 모두 배치한 후, $n - n_1$개의 자리에 n_2개의 a_2를 배치할 자리를 정하는 경우의 수가 $\binom{n-n_1}{n_2}$이다. 그 다음에 $n - n_1 - n_2$개의 자리에 n_3개의 a_3를 배치할 자리를 정하는 경우의 수가 $\binom{n-n_1-n_2}{n_3}$이다. 이러한 방법으로 S의 모든 원소를 배치하는 경우의 수는

$$\binom{n}{n_1}\binom{n-n_1}{n_2}\binom{n-n_1-n_2}{n_3}\cdots\binom{n-n_1-n_2-\cdots-n_{k-1}}{n_k}$$

$$= \frac{n!}{n_1!(n-n_1)!}\ \frac{(n-n_1)!}{n_2!(n-n_1-n_2)!}\ \frac{(n-n_1-n_2)!}{n_3!(n-n_1-n_2-n_3)!} \cdots$$

$$\cdots \frac{(n-n_1-n_2-\cdots-n_{k-1})!}{n_k!(n-n_1-n_2-\cdots-n_k)!}$$

$$= \frac{n!}{n_1!n_2!\cdots n_k!}$$ ■

참고로, 이항계수 $\binom{n}{r}$은 다음 두 가지 경우로 이해할 수 있다. 먼저 n개의 원소로 이루어진 집합에서 r개를 뽑는 경우의 수인 조합으로 볼 수 있다. 그리고 n개의 원소로 이루어진 중복집합 $\{r \cdot a_1, (n-r) \cdot a_2\}$를 배열하는 경우의 수인 같은 것이 있는 순열로 볼 수 있다.

예제 1.14

중복집합 $S = \{a, a, b, b, c, c, c\}$에서 4개의 원소를 뽑아 나열하는 방법의 수는?

[풀이] (i) S에서 뽑은 4개의 원소가 $\{c, c, c, a\}$일 때, $\frac{4!}{3!} = 4$이고 $\{c, c, c, b\}$일 때, $\frac{4!}{3!} = 4$이므로 8(가지)

(ii) S에서 뽑은 4개의 원소가 $\{c, c, a, a\}$일 때, $\frac{4!}{2!2!} = 6$이고 $\{c, c, b, b\}$일 때, $\frac{4!}{2!2!} = 6$이고 $\{c, c, a, b\}$일 때, $\frac{4!}{2!} = 12$이므로 24(가지)

(iii) S에서 뽑은 4개의 원소가 $\{c, a, a, b\}$일 때, $\frac{4!}{2!} = 12$이고 $\{c, a, b, b\}$일 때, $\frac{4!}{2!} = 12$이므로 24(가지)

(iv) S에서 뽑은 4개의 원소가 $\{a, a, b, b\}$일 때, $\frac{4!}{2!2!} = 6$이므로 6(가지)

따라서 구하는 답은

$$8 + 24 + 24 + 6 = 62$$ ■

예제 1.15

6개의 1과 2개의 0을 모두 나열할 때, 만들어지는 이진수의 개수는?

[풀이] 이는 8자리 수에서 6개의 1이 들어갈 자리를 선택하는 방법만 생각하면 된다. 왜냐하면 나머지 2개의 0은 8자리 수에서 1들이 배열되고 남은 두 자리에 배열하기만 하면 되기 때문이다. 따라서 이 문제의 답은

$$\binom{8}{6} = 28$$

이다. ■

이제 중복집합 S에서 순서에 관계없이 r개를 뽑는 경우의 수를 구해 보자.

예를 들어 $S = \{2 \cdot a, 1 \cdot b, 3 \cdot c\}$에서 3개를 뽑는 경우의 수는 6이다. 즉,

$\{2 \cdot a, 1 \cdot b\}$, $\{2 \cdot a, 1 \cdot c\}$, $\{1 \cdot a, 1 \cdot b, 1 \cdot c\}$,

$\{1 \cdot a, 2 \cdot c\}$, $\{1 \cdot b, 2 \cdot c\}$, $\{3 \cdot c\}$.

이제 k개의 서로 다른 종류의 원소가 있고 각 종류의 중복수가 무한히 많은 경우 r-조합의 개수를 구해 보자.

정리 1.7 중복조합

중복집합 $S = \{\infty \cdot a_1, \infty \cdot a_2, \cdots, \infty \cdot a_k\}$에서 r개를 뽑는 방법의 수는

$$\binom{r+k-1}{r}$$

[증명1] S의 r-조합은 $\{x_1 \cdot a_1, x_2 \cdot a_2, \cdots, x_k \cdot a_k\}$의 형태이다.

여기서 $x_1, x_2, \cdots, x_k$는 음이 아닌 정수로서 $x_1 + x_2 + \cdots + x_k = r$을 만족한다. 따라서 S의 r-조합의 개수는 방정식 $x_1 + x_2 + \cdots + x_k = r$의 음이 아닌 정수해의 개수와 같다.

이제 위 방정식의 음이 아닌 정수해의 개수가 중복집합

$$T = \{r \cdot 1, (k-1) \cdot *\}$$

를 순서있게 나열하는 방법의 수임을 증명하자.

T의 순열이 주어지면, $k-1$개의 *는 r개의 1을 k개의 그룹으로 나누고, 첫 그룹에 있는 1의 개수가 x_1, 두 번째 그룹에 있는 1의 개수가 x_2, $\cdots$, 마지막 그룹에 있는 1의 개수가 x_k이다. 이 $x_1, x_2, \cdots, x_k$는 방정식 $x_1 + x_2 + \cdots + x_k = r$을 만족하는 음이 아닌 정수들이다. 따라서 구하는 방법의 수는 중복집합 T의 순

열의 개수이므로

$$\frac{(r+k-1)!}{r!(k-1)!}=\binom{r+k-1}{r}$$

[증명2] 집합 $\{1,\ 2,\ \ldots,\ k\}$에서 중복을 허락하여 r개를 뽑는 방법의 수가 $\binom{k+r-1}{r}$임을 보이자. 집합 $\{1,\ 2,\ \ldots,\ k\}$에서 중복을 허락하여 뽑은 r개의 수 $a_1,\ a_2,\ \ldots,\ a_r$가 $1 \leqq a_1 \leqq a_2 \leqq \cdots \leqq a_r \leqq k$을 만족한다면

$$1 \leqq a_1 < a_2+1 < a_3+2 < \cdots < a_r+r-1 \leqq k+r-1$$

이므로 구하는 방법의 수는

$$\binom{k+r-1}{r}$$

■

r개의 서로 다른 물건을 n개의 서로 다른 상자에 분배하는 방법의 수로 다음 3가지 경우가 있다.

(1) 각 상자에 많아야 1개의 물건을 넣는 경우 :

물건 1이 n개의 상자 중 하나에 들어가고, 물건 2가 $n-1$개의 상자 중 하나에 들어가고, ...따라서 구하는 방법의 수는

$$n(n-1)(n-2)\cdots(n-r+1) = {}_nP_r$$

(2) 각 상자에 넣는 물건의 개수에 제한이 없는 경우 :

각 물건이 n개의 상자 중 하나에 들어가므로 구하는 방법의 수는

$$n^r$$

(3) 각 상자에 넣는 물건의 개수에 제한이 없고, 각 상자에서 물건의 순서를 구별하는 경우 :

물건 1이 n개의 상자 중 하나에 들어가고, 물건 2가 $n+1$개의 자리 중 하나에 들어간다. ($\because$ 물건 1이 들어가지 않은 $n-1$개의 상자 중 하나 혹은 물건 1이 들어간 상자에서 물건 1의 왼쪽 혹은 오른쪽) 같은 방법으로 물건 3은 $n+2$개의 자리 중 하나에 들어간다. 따라서 구하는 방법의 수는

$$n(n+1)(n+2)\cdots(n+(r-1))$$

(별해) 서로 다른 물건 $a_1,\ a_2,\ \ldots,\ a_r$를 n개의 서로 다른 상자에 주어진 조건대로 분배한

것의 집합과 중복집합 $\{a_1, a_2, \dots, a_r, (n-1)\cdot 1\}$을 나열한 것의 집합 사이에 전단사 함수가 존재하므로 구하는 방법의 수는

$$\frac{(n-1+r)!}{(n-1)!} = n(n+1)(n+2)\cdots(n+(r-1))$$

r개의 동일한 물건을 n개의 서로 다른 상자에 분배하는 방법의 수로 다음 3가지 경우가 있다.

(1) 각 상자에 많아야 1개의 물건을 넣는 경우($r \le n$) :
조건대로 분배하는 방법과 n개의 서로 다른 상자에서 r개의 상자를 뽑는 방법 사이에 일대일대응이 존재하므로 구하는 방법의 수는

$$\binom{n}{r}$$

(2) 각 상자에 넣는 물건의 개수에 제한이 없는 경우 :
$i = 1, 2, \dots, n$에 대하여 상자 i에 x_i개의 물건이 있을 때, 구하는 방법의 수는 방정식 $x_1 + x_2 + \dots + x_n = r$의 음이 아닌 정수해의 개수이므로

$$_nH_r = \binom{n+r-1}{r}$$

(3) 각 상자에 적어도 1개의 물건을 넣는 경우, 즉 빈 상자가 없는 경우 ($r \ge n$) :
먼저 각 상자에 물건을 하나씩 넣고서 나머지 $r-n$개의 물건을 아무 제한 없이 분배하는 방법의 수는

$$\binom{n+(r-n)-1}{r-n} = \binom{r-1}{r-n} = \binom{r-1}{n-1}$$

예제 1.16

중복집합 $S = \{10\cdot a, 10\cdot b, 10\cdot c, 10\cdot d\}$에서 a, b, c, d를 각각 적어도 하나씩 포함하여 모두 10개를 뽑는 방법의 수는?

[풀이] 구하는 답은 방정식

$$x_1 + x_2 + x_3 + x_4 = 10$$

의 양의 정수해의 개수와 같다.

만약

$$y_1 = x_1 - 1,\ y_2 = x_2 - 1,\ y_3 = x_3 - 1,\ y_4 = x_4 - 1$$

로 놓으면, 구하는 답은 방정식

$$y_1 + y_2 + y_3 + y_4 = 6$$

의 음이 아닌 정수해의 개수와 같다. 따라서 구하는 답은

$$\binom{6+4-1}{6} = \binom{9}{6} = \binom{9}{3} = 84$$ ■

예제 1.17

방정식 $x_1 + x_2 + x_3 + x_4 = 20$에서 $x_1 \geqq 3,\ x_2 \geqq 1,\ x_3 \geqq 0,\ x_4 \geqq 5$을 만족하는 정수해의 개수는?

[풀이] 만약

$$y_1 = x_1 - 3,\ y_2 = x_2 - 1,\ y_3 = x_3,\ y_4 = x_4 - 5$$

로 놓으면, 구하는 답은 방정식

$$y_1 + y_2 + y_3 + y_4 = 11$$

의 음이 아닌 정수해의 개수와 같다. 따라서 답은

$$\binom{11+4-1}{11} = \binom{14}{11} = \binom{14}{3} = 364$$ ■

중복조합과 관련된 다음 세 가지 유형은 동일한 것으로, 문제를 해결하는데 유용한 유형으로 전환하여 주어진 문제를 해결한다.

1. n 개의 유형으로 구성된 물건들로부터 중복을 허용하여 r개를 선택하는 경우의 수
2. r 개의 동일한 물건을 n 개의 서로 다른 상자에 분배하는 방법의 수
3. 방정식 $x_1 + x_2 + \cdots\cdots + x_n = r$ 의 음이 아닌 정수해의 개수

예제 1.18

(1) 동일한 오렌지 2개와 서로 다른 사과 4개가 있다. 이것을 3개의 서로 다른 상자에 넣는 방법은 몇 가지 있는가?

(2) 동일한 오렌지 2개와 서로 다른 사과 4개가 있다. 이것을 3개의 서로 다른 상자에 넣는데 각 상자에 두 개씩만 넣어야 한다면 방법은 몇 가지 있는가?

[풀이] (1) 먼저 동일한 오렌지 2개를 3개의 서로 다른 상자에 넣는 방법은 방정식

$$x_1 + x_2 + x_3 = 2$$

의 음이 아닌 정수해의 개수이므로

$$\binom{3+2-1}{2} = 6$$

가지이다.

또, 서로 다른 사과 4개를 3개의 서로 다른 상자에 넣는 방법은 $3^4 = 81$가지이다. 곱의 법칙에 의해, 오렌지와 사과를 모두 분배하는 방법의 수는

$$6 \cdot 81 = 486$$

이다.

(2) 각 상자에 두 개의 물건만 넣어야 한다는 제약은 문제를 복잡하게 한다. 2개의 오렌지를 분배하는 방식에 따라 다음 두 가지 경우가 가능하다.

(i) 3개의 상자 중 두 개를 선택하여 각각 오렌지 1개를 분배하는 경우이다. 2개의 오렌지를 분배하는 방법의 수는 3가지이다. 나머지 상자에 넣을 2개의 사과를 뽑는 방법의 수는 $\binom{4}{2} = 6$이다. 나머지 2개의 사과를 오렌지가 들어 있는 상자에 넣는 방법의 수는 2이다. 따라서, 이 경우의 수는

$$3 \cdot 6 \cdot 2 = 36$$

이다.

(ii) 3개의 상자 중 한 개를 선택하여 오렌지 2개를 분배하는 경우이다. 3개의 상자 중 두 개를 선택하는 방법의 수는 $\binom{3}{2} = 3$이다. 나머지 2개의 상자에 4개의 사과를 2개씩 넣는 방법은 $\frac{4!}{2!2!} = 6$가지이다. 따라서, 이 경우의 수는

$$3 \cdot 6 = 18$$

이다. ■

일반적으로, 중복집합

$$S=\{n_1 \cdot a_1,\ n_2 \cdot a_2,\ \cdots,\ n_k \cdot a_k\}$$

에서 $r-$조합의 개수를 구하는 문제는 훨씬 어렵다. 이는 방정식

$$x_1+x_2+\cdots+x_k=r$$

에서

$$0 \leqq x_1 \leqq n_1,\ 0 \leqq x_2 \leqq n_2,\ \cdots,\ 0 \leqq x_k \leqq n_k$$

을 만족하는 정수해의 개수를 구하는 것과 같다.

이 문제는 뒤에서 포함배제의 원리를 이용하여 해결할 것이다.

예제 1.19

어느 의대생이 병원에서 1월에 연속으로 이틀 근무하지 않으면서 5일 근무를 하는 방법의 수는?

[풀이] 연속으로 이틀 근무하지 않으면서 1월에 근무하는 5일의 날짜를 증가 순서로 나열한 것을 $a_1,\ a_2,\ a_3,\ a_4,\ a_5$라 하자. 즉 $1 \leqq a_1 < a_2 < a_3 < a_4 < a_5 \leqq 31$이고 $a_{i+1}-a_i \geqq 2\ (i=1,\ 2,\ 3,\ 4)$이다. 그러면

$$1 \leqq a_1 < a_2-1 < a_3-2 < a_4-3 < a_5-4 \leqq 27$$

이므로 구하는 방법의 수는 $\binom{27}{5}$이다. ■

예제 1.20

집합 $A=\{1,\ 2,\ 3,\ 4,\ 5,\ 6\}$에서 A로 가는 함수 중에서 다음 두 조건을 만족시키는 함수 f의 개수를 구하시오. (2006학년도 6월 모의)

> (가) 함수 f는 일대일 대응이다.
> (나) 정의역 A의 한 원소 n에 대하여 $f(n+1)-f(n)=5$이다.

[풀이] $f(n+1)-f(n)=5$가 성립하기 위해서는 $f(n)=1,\ f(n+1)=6$이어야 한다. 이를 만족하는 n의 값은 1, 2, 3, 4, 5이다.

(i) $n=1$일 때(즉, $f(1)=1$, $f(2)=6$일 때) $f(3)$, $f(4)$, $f(5)$, $f(6)$의 값이 2, 3, 4, 5에 일대일 대응하는 방법의 수는 $4!=24$(가지)

(ii) $n=2, 3, 4, 5$일 때에도 각각 $4!=24$(가지)이므로 구하는 함수의 개수는 $5\times 4!=120$ ■

예제 1.21

어떤 사회봉사센터에서는 다음과 같은 4가지 봉사활동 프로그램을 매일 운영하고 있다.

프로그램	A	B	C	D
봉사활동 시간	1시간	2시간	3시간	4시간

철수는 이 사회봉사센터에서 5일간 매일 하나씩의 프로그램에 참여하여 다섯 번의 봉사활동 시간 합계가 8시간이 되도록 아래와 같은 봉사활동 계획서를 작성하려고 한다. 작성할 수 있는 봉사활동 계획서의 가짓수는? (2009학년도 본수능)

봉사활동 계획서

성명 :

참여일	참여 프로그램	봉사활동 시간
2009. 1. 5		
2009. 1. 6		
2009. 1. 7		
2009. 1. 8		
2009. 1. 9		
봉사활동 시간 합계		시간

[풀이] 다섯 번의 프로그램에 참여하여 시간 합계가 8시간이 되도록 하는 방법은 다음과 같다.

(i) $8=1+1+1+1+4$의 경우, 작성할 수 있는 봉사활동 계획서의 가짓수는 A, A, A, A, D를 나열하는 방법의 수와 같으므로

$$\frac{5!}{4!}=5(\text{가지})$$

(ii) $8=1+1+1+2+3$의 경우, 작성할 수 있는 봉사활동 계획서의 가짓수는 A, A, A, B, C를 나열하는 방법의 수와 같으므로

$$\frac{5!}{3!}=20(\text{가지})$$

(iii) $8=1+1+2+2+2$의 경우, 작성할 수 있는 봉사활동 계획서의 가짓수는 A, A, B, B, B를 나열하는 방법의 수와 같으므로

$$\frac{5!}{2!3!}=10(\text{가지})$$

따라서 구하는 답은 $5+20+10=35$ ■

예제 1.22

사과 주스, 포도 주스, 감귤 주스 중에서 8병을 선택하려고 한다. 사과 주스, 포도 주스, 감귤 주스를 각각 적어도 1병 이상씩 선택하는 경우의 수는? (단, 각 종류의 주스는 8병 이상씩 있다.) (2009학년도 9월 모의)

[풀이] 사과 주스 x_1병, 포도 주스 x_2병, 감귤 주스 x_3이라 하면 구하는 경우의 수는

$$x_1+x_2+x_3=8\ (x_1 \geqq 1,\ x_2 \geqq 1,\ x_3 \geqq 1)$$

를 만족시키는 정수해의 개수이다. 즉, 구하는 경우의 수는

$$y_1+y_2+y_3=5$$

를 만족시키는 음이 아닌 정수해의 개수이다. 따라서 구하는 답은

$$\binom{3+5-1}{5}=\binom{7}{2}=21$$ ■

예제 1.23

점수가 표시된 그림과 같은 과녁에 6개의 화살을 쏘아 점수를 얻는 경기가 있다. 6개의 화살을 모두 과녁에 맞혔을 때, 점수의 합계가 51점 이상이 되는 경우의 수는? (단, 화살이 과녁의 경계에 맞는 경우는 없다.) (2009학년도 9월 모의)

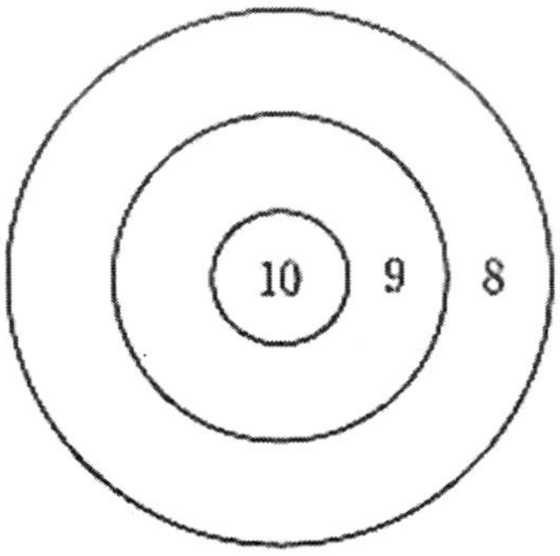

[풀이] 과녁에서 8점에 맞은 화살의 수를 x, 9점에 맞은 화살의 수를 y, 10점에 맞은 화살의 수를 z라 하면

$$x+y+z=6,\ 8x+9y+10z \geq 51$$

를 만족시키는 음이 아닌 정수해의 개수를 구하면 된다.

$$x+y+z=6,\ 8x+9y+10z \leqq 50$$

를 만족시키는 음이 아닌 정수해의 개수는 4이다. 왜냐하면

$$(x,\ y,\ z)=(6,\ 0,\ 0),\ (5,\ 1,\ 0),\ (5,\ 0,\ 1),\ (4,\ 2,\ 0)$$

전체 경우의 수가 $\binom{3+6-1}{6}=\binom{8}{2}=28$이므로 구하는 답은

$$28-4=24$$

■

연습문제

1. 0과 50을 포함하여 0과 50사이에
   (1) 몇 개의 정수가 있는가?
   (2) 그 중에서 2로 나누어질 수 있는 정수는 몇 개인가?
   (3) 그 중에서 그 차가 5인 정수의 쌍은 몇 개인가?

2. 1, 2, 2, 4, 6, 6, 6을 모두 이용하여 3,000,000보다 큰 수를 만들 수 있는 방법은 몇 가지 있는가?

3. MISSISSIPPI가 있다. S가 연속해서 나오지 않도록 나열하는 방법은 몇 가지인가?

4. $X_1 = \{0,\ 1\}$이고, 임의의 $i \geq 2$에 대하여 집합 X_i는 X_{i-1}의 모든 부분집합들의 집합일 때, $|X_i| > 10^{100}$를 만족하는 최소의 자연수 i를 구하시오.

5. 두 주사위를 굴렸을 때 두 눈의 합이 3으로 나누어지는 경우의 수는?

6. 숫자 1, 1, 1, 1, 2, 3중 다섯 개를 선택하여 자연수를 만들려고 한다. 몇 개의 서로 다른 수를 만들 수 있는가?

7. 1원 짜리 동전이 100개, 5원 짜리 동전이 20개, 10원 짜리 동전이 10개 있다.
   (1) 이 중 10개를 선택하는 방법의 수는?
   (2) 이 중 15개를 선택하는 방법의 수는?

8. 동전을 10회 던졌을 때, 앞면이 8번 이상 나올 확률은?

9. 어떤 사람에게 n명의 친구가 있다. 매일 4명씩 (서로 다른 집합으로) 365일 동안 집을 방문하는 것이 가능하기 위한 최소의 n은?

10. 네 자리수의 구내 전화번호를 부여하고자 한다.
   (1) 중복을 허락하지 않는다면 몇 가지의 번호가 나올 수 있는가?
   (2) 두 개만 같고 나머지 두 개는 서로 다른 (예를 들어, 2088) 네 자리수의 개수를 구하시오.

11. 문자 a, b, c가 각각 3개씩 있다. 각각 한 개 이상의 문자를 사용하며 길이가 5인 문자열을 몇 개 만들 수 있는가?

12. 세 가지 종류(레귤러, 칠리, 슈퍼)의 핫도그가 총 6개 있다. 이것을 종류별로 나누는 방법은 몇 가지인가?

13. 자동차 판매 사원 10명을 강원도, 경기도, 경상도, 전라도, 충청도에 배치하는 방법은 몇 가지인가? 또, 각 도에 2명씩 일정하게 배치하는 방법은 몇 가지인가?

14. 서로 다른 n 개의 상자에 r 개의 동일한 공을 분배 할 때, 모든 상자에 적어도 한 개 이상 넣는 방법은 $\binom{r-1}{n-1}$임을 증명하시오.

15. 중복집합 $\{1 \cdot a,\ 1 \cdot e,\ 1 \cdot i,\ 1 \cdot o,\ 1 \cdot u,\ 8 \cdot x\}$에서 두 개의 모음이 연속적으로 배열되지 않도록 모두 나열하는 방법은 몇 가지인가?

16. 방정식 $x_1 + x_2 + x_3 + x_4 = 12$에서,

(1) 모든 $x_i \geqq 0$일 때 정수해는 몇 가지 있는가?

(2) 모든 $x_i > 0$일 때, 정수해는 몇 가지 있는가?

(3) $x_1 \geqq 2,\ x_2 \geqq 2,\ x_3 \geqq 4,\ x_4 \geqq 0$ 일 때, 정수해는 몇 가지 있는가?

17. 어떤 마법사가 100달러를 가지고 그의 아내인 마녀에게 마법을 부릴 수 있도록 재료를 사주기로 하였다. 상점에서는 박쥐꼬리를 5달러, 도마뱀꼬리를 5달러, 가짜눈 5달러, 그리고 송아지 피를 20달러에 팔고 있었다. 마법사가 이 재료들을 살 수 있는 경우의 수를 구하시오.

18. 5명의 아이들에게 서로 다른 인형 20개를 나누어주려고 한다.

(1) 몇 가지 방법이 있는가?

(2) 2명의 아이들에게 인형 7개씩 주고, 3명의 아이들에게 인형 2개씩을 나누어 주는 경우의 수는?

(3) 각각의 아이들이 4개의 인형을 나누어주는 경우의 수는?

19. 초코 도우넛 18개, 시나몬 도우넛 12개, 파우더 도우넛 14개를 네 명의 학생들에게 나누어주려고 한다. 각각의 학생들이 적어도 2개씩의 도우넛을 받는다면, 몇 가지 방법이 있겠는가?

20. 방정식 $x_1+x_2+x_3+x_4+x_5=28$에서 다음을 만족하는 정수해의 개수를 구하시오.

(1) $x_i \geqq 0$ $(i=1,\ 2,\ 3,\ 4,\ 5)$

(2) $x_i > 0$ $(i=1,\ 2,\ 3,\ 4,\ 5)$

(3) $x_i > i$ $(i=1,\ 2,\ 3,\ 4,\ 5)$

21. 100!을 나누는 10의 최대 지수를 구하시오.(즉 십진법으로 나타낼 때 일의 자리부터 연속적으로 나타나는 0의 개수를 구하시오.)

22. 집합 1, 2, 3, ⋯, 20에서 어떤 두 수도 이웃하지 않는 3-조합의 개수를 구하시오.

23. 중복집합 $\{1 \cdot a_1,\ \infty \cdot a_2,\ \cdots,\ \infty \cdot a_k\}$에서 r-조합의 개수를 구하시오.

24. 집합 $S=\{1,\ 2,\ \cdots,\ n\}$의 r-조합 A, B에 순서를 다음과 같이 부여할 수 있다.

$A < B \Leftrightarrow A \cup B - A \cap B$의 최소원이 A에 있다.

이 순서를 사전식 순서(lexicographic order)라 한다.

사전식 순서로 $\{1,\ 2,\ 3,\ 4,\ 5,\ 6,\ 7,\ 8\}$의 4-조합 중에서 1258은 몇 번째에 있는가?

25. 사전식 순서로 $\{1,\ 2,\ 3,\ \cdots,\ 10\}$의 6-조합 중에서 2, 3, 4, 6, 9, 10

(1) 바로 다음에 나오는 6-조합을 구하시오.

(2) 바로 앞에 나오는 6-조합을 구하시오.

26. 집합 $S=\{x_2,\ x_1,\ x_0\}$의 $2^3=8$개의 부분집합들의 순서를 다음과 같이 부여한다.

$\varnothing$, $\{x_0\}$, $\{x_1\}$, $\{x_1,\ x_0\}$, $\{x_2\}$, $\{x_2,\ x_0\}$, $\{x_2,\ x_1\}$, $\{x_2,\ x_1,\ x_0\}$

이 순서로 집합 $\{x_7,\ x_6,\ \cdots,\ x_1,\ x_0\}$의 150번째 부분집합을 구하시오.

27. 집합 $\{1,\ 2,\ \cdots,\ m\}$에서 3원소 부분집합 중 $\frac{1}{4}$이 5를 포함할 때, m을 구하시오.

28. 기량이 똑같은 두 사람 A, B가 800원씩 돈을 걸고 먼저 세 판을 이기면 1600원을 가지기로 하였다. A가 첫 째 판을 이긴 후 특별한 사정이 있어서 내기를 중단하지 않을 수 없게 되었다. A의 몫은? (단, 비기는 경우는 없다.)

29. 자연수 1부터 10000까지 수를 적을 때 5가 몇 번 나오는가?

30. 숫자 1, 2, 3, 4, 5를 중복을 허락하여 네 자리수를 만들 때, 4로 나누어지는 네 자리수의 개수를 구하시오.

31. 어떤 사람에게 7명의 친구가 있는데 7일 동안 3명씩 초대하려고 할 때 어느 두 명의 친구도 단 한번만 동석하도록 하는 방법의 수를 구하시오.

32. 친구 3명 중 한 명을 6일 동안 매일 한 명씩 초대하는데 어떤 친구도 3번 넘게 초대받지 않을 경우의 수를 구하시오.

33. 10개의 자리수 0, 1, 2, ⋯, 9의 순열 중 다음 조건을 만족하는 순열의 개수를 구하시오.

(1) 첫 자리에 홀수가 오고, 1, 2, 3, 4, 5 중에 하나가 끝자리에 온다.

(2) 첫 자리에 5가 오지 않고, 끝자리에 9가 오지 않는다.

34. $(kn)!$이 $(n!)^k$으로 나누어짐을 증명하시오.

35. 세 개의 동일한 주사위를 던질 때 가능한 서로 다른 결과들의 개수를 구하시오.

36. 길이가 같은 성냥개비 12개를 모두 사용하여 만들 수 있는 서로 다른 모양의 삼각형의 개수를 구하시오.

37. 어떤 아이스크림 전문점은 한 가지 아이스크림만을 주문하는 방식과 두 가지 아이스크림을 반씩 섞어 주문하는 방식으로 판매를 한다. 이 전문점에는 여섯 종류의 아이스크림, 즉 바닐라, 쵸코, 체리, 아몬드, 딸기, 호두가 있다. 아이스크림을 주문할 수 있는 모든 경우의 수를 구하시오.

38. 후보 4명에게 유권자 18명이 무기명으로 투표를 할 때, 네 후보가 얻을 수 있는 서로 다른 투표의 수의 결과는 모두 몇 가지인가? (단, 무효나 기권은 없다.)

39. 6명을 각각 2명씩 나누는 방법의 수를 구하시오.

40. 어느 회사에 직원 12명이 있는데 남자 7명, 여자 6명이다. 남자 1명, 여자 1명을 포함한 3명으로 이루어진 위원회를 만드는 방법의 수는?

41. 다섯 자리의 정수 중 3의 배수이고 백의 자리의 수가 6인 정수의 개수는?

42. 세 자리의 정수 중 3의 배수이고 자릿수 9를 포함하는 정수의 개수는?

43. $x^2+y^2 \leq 5$를 만족시키는 정수의 순서쌍 (x,y)의 개수를 구하시오.

44. $X=1,\ 2,\ \cdots,\ 10$이고 $S=(a,\ b,\ c) |\ a,\ b,\ c \in X,\ a<b,\ a<c$일 때, $|S|$의 값은?

45. 남자 5명, 여자 3명을 일렬로 세울 때,
   (1) 어느 두 여자 사이에도 남자가 없도록 배열하는 방법의 수는?
   (2) 양 끝에 남자를 세우고 여자들끼리 이웃하지 않도록 배열하는 방법의 수는?

46. 2000과 7000 사이에 있는 정수 중에서 각 자릿수가 모두 다른 짝수의 개수는?

47. 모든 자릿수가 서로 다르고 1, 3, 5, 7 중 하나인 모든 자연수의 집합을 S라 할 때
   (1) $|S|$의 값은?
   (2) $\sum_{n \in S} n$의 값은?

48. 남자 5명, 여자 3명을
(1) 원탁에 앉히는 방법의 수는?
(2) 남자 B_1과 여자 G_1이 이웃하지 않도록 원탁에 앉히는 방법의 수는?
(3) 어떤 여자도 이웃하지 않도록 원탁에 앉히는 방법의 수는?

49. n쌍의 부부를 원탁에 앉히는데
(1) 남자와 여자가 교대로 앉는 방법의 수는?
(2) 각 여자 옆에 남편이 앉는 방법의 수는?

50. 교사 4명, 학생 7명 중에서
(1) 5명의 위원을 뽑는 방법의 수는?
(2) 교사 2명만 포함하며 5명의 위원을 뽑는 방법의 수는?
(3) 적어도 3명의 교사를 포함하며 5명의 위원을 뽑는 방법의 수는?
(4) 특정 교사와 특정 학생을 둘 다 포함하지는 않으며 (즉, 그 중 하나 는 포함시켜도 무방하다.) 5명의 위원을 뽑는 방법의 수는?

51. $2n$개의 원소로 이루어진 집합을 2개의 원소로 이루어진 부분집합 n개로 분할하는 방법의 수는?

52. (IMO 1989) $\{1, 2, ..., 2n\}$의 순열 $x_1, x_2, ..., x_{2n}$이 적어도 하나의 $i \in \{1, 2, \cdots, 2n-1\}$에 대하여 $|x_i - x_{i+1}| = n$일 때 성질 P를 갖는다고 한다. 각 n에 대하여 성질 P를 가지는 순열이 성질 P를 가지지 않은 순열보다 더 많음을 증명하시오.

53. 1×7 직사각형을 1×1, 1×2, 1×3 블록으로 덮는 방법의 수는? (단, 같은 크기의 블록은 동일한 것으로 간주한다.)

54. 자연수 n에 대하여 $(4n)!$이 $2^{3n}\cdot 3^{n}$의 배수임을 증명하시오.

55. 레스토랑에 치킨, 생선, 햄의 3종류의 샌드위치가 있고 종류와 개수에 제한 없이 주문할 수 있다. 샌드위치 8개를 주문하는 방법의 수는?

56. 어떤 두 개의 I도 인접하지 않도록 '$VISITING$'을 배열하는 방법의 수는?

57. 자연수 n에 대하여 다음을 간단히 한 것은?

(1) $1\cdot 1!+2\cdot 2!+3\cdot 3!+\dots+n\cdot n!$

(2) $\dfrac{1}{(1+1)!}+\dfrac{2}{(2+1)!}+\dfrac{3}{(3+1)!}+\dots+\dfrac{n}{(n+1)!}$

58. 3000부터 8000까지의 홀수 중에 어떤 자릿수도 중복이 되지 않는 정수의 개수는?

59. 자연수 m, n에 대하여 다음 조건을 만족시키며 남자 m명과 여자 n명을 일렬로 세우는 방법의 수는?

(1) 조건이 없다.

(2) 어떤 남자도 이웃하지 않는다.$(m\leq n+1)$

(3) 여자 n명이 이웃한다.

(4) 남자 B와 여자 G가 이웃한다.

60. 자연수 n에 대하여 $(n+1)(n+2)\cdots(2n)$이 2^n의 배수임을 증명하시오.

61. 10^{40}과 20^{30}의 양의 공약수의 개수는?

62. 다음에서 3의 배수인 n의 양의 약수(n도 포함)의 개수는?

(1) $n=210$

(2) $n=630$

(3) $n=151200$

63. 자연수 n에 대하여 n^2의 양의 약수의 개수가 홀수임을 증명하시오.

64. $111\ldots1$(1은 1992개)의 양의 약수의 개수가 짝수임을 보이시오.

65. 의자 10개가 일렬로 놓였는데 어떤 두 사람도 같은 의자에 앉지 않으면서 7명을 앉힌다. 빈 의자가 이웃하지 않도록 하는 방법의 수는?

66. 일렬로 배열된 8개의 상자에 다음 조건을 만족하면서 서로 다른 5개의 공을 넣는 방법의 수는?

(가) 각 상자에는 많아야 1개의 공을 넣는다.

(나) 어느 두 빈 상자도 이웃하지 않는다.

67. 남자 5명, 여자 2명을 일렬로 세우는데 두 여자 사이에 정확히 남자 3명이 있도록 하는 방법의 수는?

68. 10명 중 3명이 여자일 때, 적어도 1명의 여자가 포함된 5인 위원회를 만드는 방법의 수는?

69. m개의 0과 n개의 1을 일렬로 나열할 때 어떤 두 1도 이웃하지 않도록 하는 방법의 수는? (단, $n \leq m+1$)

70. 1학년 여학생 5명 남학생 7명, 2학년 여학생 3명 남학생 4명 중에서 5명으로 이루어진 위원회를 만드는데 2학년이 2명이고 남학생이 3명인 위원회를 만드는 방법의 수는?

71. 상자에 동일한 흰공 7개와 동일한 검은공 5개가 있는데 임의로 하나씩 꺼내고 다시 넣지 않으며 빈 상자가 될 때까지 계속한다. 6번째에 꺼낸 공이 흰공이고 그 전에 꺼낸 공 중에 검은공이 3개일 확률이 $\frac{q}{p}$일 때, $p+q$의 값은? (단, p, q는 서로소인 자연수)

72. 다음 조건을 만족하면서 O에서 P로 가는 최단 경로의 개수는?

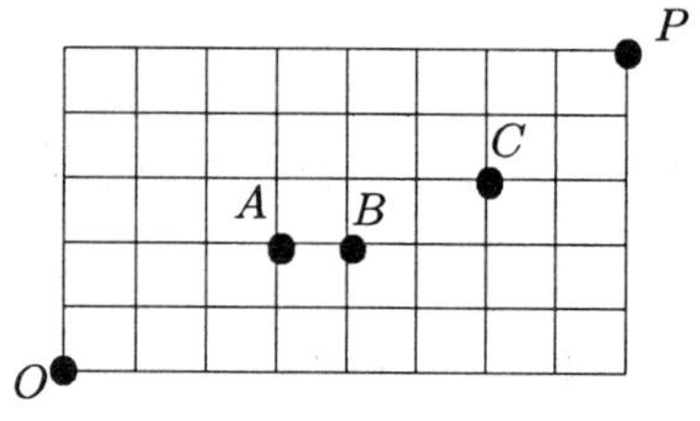

(1) 교차로 A를 지난다.
(2) 길 AB를 지난다.
(3) 교차로 A와 C를 지난다.
(4) 길 AB가 닫혀있다.

73. 자연수 k, n이 $2k \leqq n$를 만족시킬 때 다음 각 경우에 대해 n개의 커플 중에서 $2k$ 명을 뽑는 방법의 수를 구하시오.

(1) $2k$명은 k개의 커플이다.

(2) $2k$명 중에 커플은 하나도 없다.

(3) $2k$명 중에 적어도 1개의 커플이 있다.

(4) $2k$명 중에 정확히 2개의 커플이 있다.

74. $S = \{1, 2, \dots, n+1\}\ (n \geqq 2)$, $T = \{(x, y, z) \in S^3 \mid x < z,\ y < z\}$일 때, $|T|$을 두 가지 다른 방법으로 세어서 다음을 증명하시오.

$$\sum_{k=1}^{n} k^2 = \binom{n+1}{2} + 2\binom{n+1}{3}$$

75. 집합 $A = \{(a, b) \mid a, b \in \mathbb{Z},\ 0 \leqq a \leqq 9,\ 0 \leqq b \leqq 5\}$에 대하여

(1) A에 있는 점을 꼭짓점으로 하는 직사각형의 개수는?

(2) A에 있는 점을 꼭짓점으로 하는 정사각형의 개수는?

76. 평면에 15개의 점 $P_1, P_2, \dots, P_{15}$가 있는데 동일 직선 위에 있는 P_1, P_2, P_3, P_4, P_5를 제외한 어떤 3점도 같은 직선 위에 있지 않을 때,

(1) 15개의 점 중에 적어도 2개의 점을 지나는 직선의 개수는?

(2) 15개의 점 중에 3개의 점을 꼭짓점으로 하는 삼각형의 개수는?

77. 각 자릿수가 적어도 두 번 나타나는 6자리 자연수의 개수는?
(예를 들어, 333333, 112211, 112212, 202011)

78. 각 자릿수가 적어도 3번 나타나는 7자리 자연수의 개수는?
(예를 들어, 1001011, 2220000, 3333333)

79. 집합 $\{1,\ 2,\ 3,\ \ldots,\ 50\}$의 2-원소 부분집합 $\{a,\ b\}$ 중에 곱 ab가 5의 배수인 2-원소 부분집합의 개수는?

80. $A=\{(a,\ b)\mid a,\ b\in \mathbb{Z},\ |a|+|b|\leqq 2\}$일 때,
(1) $|A|$의 값은?
(2) A의 점 중에 적어도 2개의 점을 지나는 직선의 개수는?
(3) A의 점을 꼭짓점으로 하는 삼각형의 개수는?

81. 볼록n 각형에서$(n\geqq 6)$ 이웃하지 않는 3개의 꼭짓점으로 이루어진 삼각형의 개수는?

82. 남자 6명, 여자 5명을 다음 조건을 만족시키며 원탁에 앉히는 방법의 수는?
(1) 아무 조건이 없다.
(2) 어떤 두 여자도 이웃하지 않는다.
(3) 여자가 모두 이웃한다.
(4) 여자 G는 남자 B_1, B_2와 이웃한다.

83. k개의 서로 다른 원탁에 n명씩 kn명을 앉히는 방법의 수는?

84. 자연수 r, n에 대하여 $(n+1)(n+2)\cdots(n+r)$이 $r!$의 배수임을 보이시오.

85. $X=\{1,\ 2,\ \ldots,\ n\}$, $P=\{A\subseteq X \mid n\not\in A\}$, $Q=\{B\subseteq X \mid n\in B\}$일 때, $|P|=|Q|$임을 증명하시오.

86. 원탁에 앉아있는 25명 중에서 3명을 뽑을 때, 3명 중 적어도 2명이 이웃할 확률이 $\dfrac{q}{p}$일 때, $p+q$의 값은? (단, p, q는 서로소인 자연수)

87. 1, 2, 3, 4, 5를 모두 사용하여 5자리 정수 120개를 만들고 증가하는 순서로 나열하면 첫 번째 수는 12345이고 120번째 수는 54321이다.

(1) 35421은 몇 번째 수인가?

(2) 100번째 수는?

88. 집합 $\{1,\ 2,\ 3,\ \ldots,\ 9\}$에서 4개를 뽑아 4자리 정수 3024개를 만들고 증가하는 순서로 나열하면 첫 번째 수는 1234이고 마지막 수는 9876이다. 4567은 몇 번째 수인가?

89. 집합 $\{1,\ 2,\ 3,\ 4,\ 5\}$의 3−원소 부분집합 $\binom{5}{3}=10$개를 사전식 순서로 나열하면 다음과 같다.

$\{1,\ 2,\ 3\}$, $\{1,\ 2,\ 4\}$, $\{1,\ 2,\ 5\}$, $\{1,\ 3,\ 4\}$, $\{1,\ 3,\ 5\}$,
$\{1,\ 4,\ 5\}$, $\{2,\ 3,\ 4\}$, $\{2,\ 3,\ 5\}$, $\{2,\ 4,\ 5\}$, $\{3,\ 4,\ 5\}$

집합 $\{1,\ 2,\ 3,\ \ldots,\ 10\}$의 4−원소 부분집합은 $\binom{10}{4}=210$개를 사전식 순서로 나열할 때, $\{3,\ 5,\ 7,\ 9\}$는 몇 번째인가?

90. 10층 건물을 4가지 색으로 칠하는데 각 층을 한 가지 색으로 칠하고 4가지 색을 모두 사용할 필요는 없다.
   (1) 칠하는 방법의 수는?
   (2) 인접한 두 층을 다른 색으로 칠하는 방법의 수는?

91. 중복집합 $\{r_1 \cdot a_1,\ r_2 \cdot a_2,\ \dots,\ r_n \cdot a_n\}$의 모든 중복부분집합의 개수는?

92. 중복집합 $\{1 \cdot a_1,\ \infty \cdot a_2,\ \infty \cdot a_3,\ \dots,\ \infty \cdot a_n\}$의 모든 r-중복부분집합의 개수는?

93. 임의의 자연수 n에 대하여 다음 수가 정수임을 조합 수학적 방법으로 보이시오.
   (1) $\dfrac{(3n)!}{2^n \cdot 3^n}$ (2) $\dfrac{(6n)!}{5^n \cdot 3^{2n} \cdot 2^{4n}}$
   (3) $\dfrac{(n^2)!}{(n!)^n}$ (4) $\dfrac{(n!)!}{(n!)^{(n-1)!}}$

94. 서로 다른 문자 4개를 전송하면서 빈칸 10개도 문자 사이에 삽입하여 같이 전송하는데 문자 사이에 적어도 2개의 빈칸을 넣을 때, 전송하는 방법의 수는?

95. 8개의 문자 A, B, C, X, X, X, Y, Y를 일렬로 나열하는데 모든 Y가 두 X 사이에 있는 경우의 수는? (단, X와 Y가 인접할 필요는 없다.)

96. 두 개의 n자리 정수(0이 맨 앞에 와도 좋다.)에서 하나가 다른 것의 순열일 때, 두 정수를 동형이라고 하자. 예를 들어 10075, 01057, 00751은 동형인 5자리 정수다.

(1) 동형이 아닌 5자리 정수의 개수는?

(2) 5, 7, 9가 기껏해야 한 번 나타날 때, 동형이 아닌 5자리 정수의 개수는?

97. 다음 조건을 만족시키면서 a, b, c, d, e, f를 이용한 문자의 개수가 10인 단어의 개수는?

(1) 조건이 없다.

(2) 각 모음은 3번 나타나고 각 자음은 1번 나타난다.

(3) 단어에서 문자는 알파벳순이다.

(4) 각 문자가 적어도 한 번씩 사용되고 단어에서 문자는 알파벳순이다.

98. 자연수 r, n, k에 대해 $r \geqq nk$일 때, r개의 동일한 물건을 n개의 서로 다른 상자에 넣는데 각 상자에 적어도 k개의 물건을 넣는 방법의 수는?

99. 6개의 문자 a, b, c, x, y, z를 일렬로 나열하는데 y가 x와 z 사이에 있도록 나열하는 방법의 수는? (단, x와 y 혹은 y와 z는 이웃할 필요 없다.)

100. 여자 3명 A, B, C와 남자 5명을 일렬로 세우는데 B는 A와 C 사이에 그리고 A와 B 사이에 정확히 남자 3명이 있도록 세우는 방법의 수는?

101. 여자 3명, 남자 4명을 일렬로 세우는데, 여자는 왼쪽에서 오른쪽으로 G_1, G_2, G_3의 순서이고 G_1, G_2 사이에 남자가 적어도 2명 있고 G_2, G_3 사이에 남자가 많아야 1명 있는 방법의 수는?

102. 자연수 r, n에 대해 $r \geqq n$일 때, r개의 서로 다른 물건을 n개의 동일한 상자에 넣는데 빈 상자가 없고 각 상자 안에서 일렬로 나열하는 방법의 수를 $L(r, n)$이라 할 때, $L(r, n)$을 r, n으로 표현하시오.

103. 다음 조건을 만족시키는 방정식 $x_1 + x_2 + x_3 + x_4 + x_5 + x_6 = 20$의 정수해의 개수는?

(1) $x_i \geqq i-1 \, (i = 1, 2, \ldots, 6)$

(2) $x_1 \geqq 2$, $x_2 \geqq 5$, $2 \leqq x_3 \leqq 4$, $x_4 \geqq 1$, $x_5 \geqq 3$, $x_6 \geqq 2$

104. 방정식 $5x_1 + x_2 + x_3 + x_4 = 14$의 음이 아닌 정수해의 개수는?

Chapter 2

이항계수(Binomial Coefficients)

1장에서 살펴보았듯이, $\binom{n}{k}$는 서로 다른 n개의 물건 중에 k개를 뽑는 경우의 수를 의미한다. 즉, $n-$집합에 있는 $k-$부분집합의 개수를 의미한다. 또한 $\binom{n}{k}$는 이항정리(binomial theorem)에서 계수로 등장하므로 이항계수(binomial coefficient)라고도 부른다. 이 장에서는 이항계수의 여러 가지 성질과 많이 이용되는 관련된 항등식들을 살펴보겠다. 또한 이항정리를 확장한 경우인 다항정리(multinomial theorem)와 뉴턴의 이항정리를 증명하고 그 응용문제를 살펴본다.

2.1 파스칼 공식과 이항정리

이항계수 $\binom{n}{k}$에 대한 공식을 1.2절에서 살펴보았는데, 다시 정리하면 다음과 같다.

$$\binom{n}{k}=\begin{cases}0 & (k>n)\\ \dfrac{n!}{k!(n-k)!} & (1\leq k\leq n)\\ 1 & (k=0)\end{cases} \tag{1}$$

이항계수의 공식에서 나오는 가장 간단한 성질은 다음의 대칭성이다.

$$\binom{n}{k}=\frac{n!}{k!(n-k)!}=\binom{n}{n-k} \tag{2}$$

즉, n 개의 물건으로 이루어진 집합에서 k 개의 물건을 선택하는 방법의 수는 $n-k$ 개의 물건을 선택하는 방법의 수와 같다. 이 성질은 $0\leq k\leq n$인 모든 정수 k, n에 대해 성립한다.

다음 성질은 유명한 **파스칼의 공식**(Pascal's formula)으로 이항계수에 관한 점화식으로 볼 수 있다.

정리 2.1 파스칼의 공식

$1\leq k\leq n-1$인 모든 정수 n, k에 대해서

$$\binom{n}{k}=\binom{n-1}{k}+\binom{n-1}{k-1} \tag{3}$$

[증명] 먼저, 이 등식을 증명하는 기계적인 증명은 공식 (1)을 직접 대입하여 확인하는 것이다. 두 번째로, 이제 하려는 증명은 조합수학적 증명(combinatorial proof)이라 하는데, 대개 같은 집합을 두 가지 다른 방법으로 개수를 구해서 같음을 증명하는 것이다.

n개의 원소로 이루어진 집합 $S=\{x_1, \cdots, x_n\}$에서 k개를 뽑는 경우의 수가 $\binom{n}{k}$임은 자명하다. 이제 집합 S에서 k개를 뽑는데, x_1을 포함하고 k개를 뽑는 경우와 x_1을 포함하지 않고 k개를 뽑는 경우로 나눌 수 있다. 이 두 경우는 서로 겹치

지 않고 분할을 이룸을 알 수 있다. S에서 x_1을 포함하고 k개를 뽑는 경우의 수는 $\binom{n-1}{k-1}$이고, S에서 x_1을 포함하지 않고 k개를 뽑는 경우의 수는 $\binom{n-1}{k}$이다.

■

다음 표는 파스칼의 삼각형(Pascal's triangle)인데 이항계수의 나열이다.

특별히, 3번째 열에 있는 수

$$1,\ 3,\ 6,\ 10,\ 15,\ 21,\ 28,\ 36,\ 45,\ \cdots$$

을 **삼각수**(triangular numbers)라 부르고, 그 일반항은

$$\binom{n+1}{2} = \frac{n(n+1)}{2}$$

n	$\binom{n}{0}$	$\binom{n}{1}$	$\binom{n}{2}$	$\binom{n}{3}$	$\binom{n}{4}$	$\binom{n}{5}$	$\cdots$
0	1						$\cdots$
1	1	1					$\cdots$
2	1	2	1				$\cdots$
3	1	3	3	1			$\cdots$
4	1	4	6	4	1		$\cdots$
5	1	5	10	10	5	1	$\cdots$
$\vdots$	$\vdots$	$\vdots$	$\vdots$	$\vdots$	$\vdots$	$\vdots$	$\ddots$

이다. 또한 4번째 열에 있는 수

$$1,\ 4,\ 10,\ 20,\ 35,\ 56,\ 84,\ 120,\ \cdots$$

을 **사면체수**(tetrahedral numbers)라 부르고, 그 일반항은

$$\binom{n+2}{3} = \frac{n(n+1)(n+2)}{3!}$$

이다.

다음으로 자주 등장하는 이항항등식은 다음과 같다.

$$k\binom{n}{k} = n\binom{n-1}{k-1} \quad 즉 \quad \binom{n}{k} = \frac{n}{k}\binom{n-1}{k-1} \tag{4}$$

공식 (4)의 일반형은 다음과 같다.

$$\binom{n}{k}\binom{k}{m}=\binom{n}{m}\binom{n-m}{k-m}$$

왜냐하면, $m=1$일 때 공식 (4)가 된다. 이 일반형을 조합수학적 방법으로 증명하자.

이 공식에서 좌변은 n명의 사람 중에서 k명의 위원을 뽑고, 선택한 k명의 위원 중에서 m명의 지도자를 뽑는 방법의 수를 나타낸다. 그리고 우변은 n명의 사람 중에서 m명의 지도자를 먼저 선택하고 남은 $n-m$명 중 $k-m$명의 위원을 뽑는 방법의 수이다. 따라서 증명은 끝난다.

이제 $\binom{n}{k}$가 이항계수임을 말해주는 이항정리(Binomial theorem)를 증명해 보자.

정리 2.2 이항정리

자연수 n에 대하여

$$(x+y)^n=\sum_{k=0}^{n}\binom{n}{k}x^{n-k}y^k \tag{5}$$

[증명1] n에 관한 수학적 귀납법으로 증명하자. $n=1$일 때,

$$x+y=\binom{n}{0}x^1y^0+\binom{1}{1}x^0y^1$$

이므로 성립한다.

n일 때 성립한다고 가정하고 $n+1$일 때 증명하면 된다.

$$\begin{aligned}(x+y)^{n+1}&=(x+y)\sum_{k=0}^{n}\binom{n}{k}x^{n-k}y^k\\&=\sum_{k=0}^{n}\binom{n}{k}x^{n+1-k}y^k+\sum_{k=0}^{n}\binom{n}{k}x^{n-k}y^{k+1}\\&=x^{n+1}+y^{n+1}+\sum_{k=1}^{n}\binom{n}{k}x^{n+1-k}y^k+\sum_{k=0}^{n-1}\binom{n}{k}x^{n-k}y^{k+1}\end{aligned}$$

$$= x^{n+1} + y^{n+1} + \sum_{k=1}^{n} \binom{n}{k} x^{n+1-k} y^k + \sum_{k=1}^{n} \binom{n}{k-1} x^{n-k+1} y^k$$

$$= x^{n+1} + y^{n+1} + \sum_{k=1}^{n} \binom{n+1}{k} x^{n+1-k} y^k \quad (\because \text{ 식 } (3))$$

$$= \sum_{k=0}^{n+1} \binom{n+1}{k} x^{n+1-k} y^k$$

[증명2] $(x+y)^n = (x+y)(x+y)\cdots(x+y)$을 전개할 때 $x^{n-k}y^k$의 계수는 n개의 인수 $(x+y)$ 중 $n-k$개의 인수에서 x를 택하고 나머지 k개의 인수에서 y를 택하는 경우의 수이다.

n개 중에서 $n-k$개를 선택하는 방법의 수가 $\binom{n}{n-k}$이고, 이어서 나머지 k개를 선택하는 방법의 수가 $\binom{k}{k}$이므로, 곱의 법칙에 의해서 $x^{n-k}y^k$의 계수는 $\binom{n}{n-k}\binom{k}{k} = \binom{n}{k}$이다. 따라서

$$(x+y)^n = \sum_{k=0}^{n} \binom{n}{k} x^{n-k} y^k$$ ■

실제로 이항정리는

$$(x+y)^n = x^n + nx^{n-1}y + \frac{n(n-1)}{2}x^{n-2}y^2 + \cdots + y^n$$

특별히 식 (5)에서, $x = y = 1$일 때 다음 항등식을 얻는다.

$$\binom{n}{0} + \binom{n}{1} + \binom{n}{2} + \cdots + \binom{n}{n} = 2^n$$

이 항등식은 정리 1.4에서 살펴보았다.

식 (5)에서, $x = 1$, $y = -1$일 때 다음 항등식을 얻는다.

$$\binom{n}{0} - \binom{n}{1} + \binom{n}{2} - \cdots + (-1)^n \binom{n}{n} = 0 \quad (n \geq 1)$$

위의 두 항등식을 결합하면 다음 항등식을 얻는다.

$$\binom{n}{0} + \binom{n}{2} + \cdots = \binom{n}{1} + \binom{n}{3} + \cdots = 2^{n-1}$$

식 (5)에서,

$$(x+y)^n = \sum_{k=0}^{n} \binom{n}{k} x^{n-k} y^k = \sum_{k=0}^{n} \binom{n}{n-k} x^{n-k} y^{n-(n-k)} = \sum_{k=0}^{n} \binom{n}{k} x^k y^{n-k}$$

이고 $y=1$을 대입하면 이항정리의 간략형인

$$(1+x)^n = \sum_{k=0}^{n} \binom{n}{k} x^k \tag{6}$$

을 얻는다.

따름 정리

자연수 n에 대하여 $\sum_{k=1}^{n} k\binom{n}{k} = n\,2^{n-1}$

[증명1] $(1+x)^n = \sum_{k=0}^{n} \binom{n}{k} x^k$의 양변을 x에 관해 미분하면

$$n(1+x)^{n-1} = \sum_{k=1}^{n} k\binom{n}{k} x^{k-1}$$

을 얻고, $x=1$을 대입하면 된다.

[증명2] 식 (4)를 이용하면 된다.

$$\sum_{k=1}^{n} k\binom{n}{k} = \sum_{k=1}^{n} n\binom{n-1}{k-1} = n\sum_{k=0}^{n-1}\binom{n-1}{k} = n\,2^{n-1}$$

[증명3] 조합수학적 증명도 가능하다. n명 중에서 위원회와 그 위원장을 뽑으려고 한다. $k=1,\ 2,\ \ldots,\ n$에 대하여 먼저 k명으로 이루어진 위원회를 만드는 방법이 $\binom{n}{k}$가지이고 그 중에 위원장을 뽑는 방법이 k가지이므로 좌변이 만들어진다.
이제는 먼저 n명 중에서 위원장을 뽑는 방법이 n가지이고 나머지 $n-1$명 중에서 위원장을 제외한 위원회를 만드는 방법이 2^{n-1}가지이므로 우변이 만들어진다. ■

위의 미분한 식 $n(1+x)^{n-1} = \sum_{k=1}^{n} k\binom{n}{k}x^{k-1}$의 양변에 x를 곱하고 x에 관해 다시 미분하면

$$n(1+x)^{n-1} + n(n-1)x(1+x)^{n-2} = \sum_{k=1}^{n} k^2\binom{n}{k}x^{n-1}$$

이고, $x=1$을 대입하면

$$\sum_{k=1}^{n} k^2\binom{n}{k} = n(n+1)\,2^{n-2}$$

을 얻는다.

식 (6)의 양변을 x에 관해 구간 $[0,\ 1]$에서 정적분하면 다음 등식을 얻는다.

$$\sum_{k=0}^{n} \frac{1}{k+1}\binom{n}{k} = \frac{2^{n+1}-1}{n+1}$$

이를 식 (4)를 이용하여 보일 수도 있다.

$$\sum_{k=0}^{n} \frac{1}{k+1}\binom{n}{k} = \sum_{k=0}^{n} \frac{1}{n+1}\binom{n+1}{k+1} = \sum_{k=1}^{n+1} \frac{1}{n+1}\binom{n+1}{k} = \frac{2^{n+1}-1}{n+1}$$

예제 2.1

원주 위에 10개의 점이 있고 그 중 3개 이상의 점을 꼭지점으로 하는 볼록다각형의 개수는? (단, 같은 꼭지점을 가지지 않으면 다른 다각형으로 본다.)

[풀이] $\binom{10}{3} + \binom{10}{4} + \ldots + \binom{10}{10} = 2^{10} - \binom{10}{0} - \binom{10}{1} - \binom{10}{2}$

$= 1024 - 1 - 10 - 45 = 968$ ■

예제 2.2

$1 - x + x^2 - x^3 + \ldots + x^{16} - x^{17} = \sum_{k=0}^{17} a_k\, y^k$ (여기서 $y = x+1$이고 $a_0,\ a_1,\ \ldots,\ a_{17}$은 상수)일 때, a_2의 값은?

[풀이1] $\sum_{k=0}^{17} a_k y^k = \frac{1-(-x)^{18}}{1+x} = \frac{1-x^{18}}{1+x} = \frac{1-(y-1)^{18}}{y}$ 이므로 a_2는

$-(y-1)^{18}$을 전개했을 때 y^3의 계수이다. 따라서 $a_2 = \binom{18}{3} = 816$

[풀이2] x에 $y-1$을 대입하면

$$1-(y-1)+(y-1)^2-(y-1)^3+\ldots-(y-1)^{17}$$
$$=1+(1-y)+(1-y)^2+(1-y)^3+\ldots+(1-y)^{17}$$

이므로 구하는 답은

$$\binom{2}{2}+\binom{3}{2}+\binom{4}{2}+\ldots+\binom{17}{2}=\binom{18}{3}=816$$ ■

예제 2.3

여덟 개의 a와 네 개의 b를 모두 사용하여 만든 12자리 문자열 중에서 다음 조건모두 만족시키는 문자열의 개수는? (2005학년도 본수능)

> (가) b는 연속해서 나올 수 없다.
> (나) 첫째 자리 문자가 b이면 마지막 자리 문자는 a이다.

[풀이] (i) 맨 앞에 b, 맨 뒤에 a가 오는 경우, $ba\square a\square a\square a\square a\square a\square a\square a$에서 3 개의 b를 7개의 □자리에 놓을 수 있으므로 $\binom{7}{3}=35$

(ii) 맨 앞에 a가 오는 경우, $a\square a\square a\square a\square a\square a\square a\square a\square$에서 4개의 b를 8개의 □자리에 놓을 수 있으므로 $\binom{8}{4}=70$

따라서 구하는 답은 $35+70=105$ ■

예제 2.4

어느 동아리에 속한 여학생 수와 남학생 수가 같다. 이 동아리에서 3명의 대표를 선출하려고 한다. 남녀 구분없이 3명의 대표를 선출하는 경우의 수가 여학생 중에서 3명의 대표를 선출하는 경우의 수의 10배일 때, 이 동아리에 속한 여학생 수는? (2008학년도 6월 모의)

[풀이] 구하는 여학생의 수를 n명이라고 하자. 남녀 구분없이 $2n$명 중에서 3명의 대표를 선출하는 경우의 수는 $\binom{2n}{3}$이고, 여학생 n명 중에서 3명의 대표를 선출하는 경우의 수는 $\binom{n}{3}$이므로 주어진 조건에서

$$\binom{2n}{3}=10\binom{n}{3}$$

$$\Rightarrow \frac{2n(2n-1)(2n-2)}{6}=10\times\frac{n(n-1)(n-2)}{6}$$

$$\Rightarrow 2(2n-1)=5(n-2)$$

따라서 구하는 답은 $n=8$ ■

예제 2.5

8종류의 과자 A, B, C, D, E, F, G, H로 다음 조건에 따라 세트 상품을 만들려고 한다.

> (가) 각 세트에는 서로 다른 4종류의 과자를 각각 한 개씩 담는다.
> (나) A 또는 B를 담는 경우에는 A와 B를 같은 세트에 담는다.
> (다) A, B, C 모두를 같은 세트에 담지 않는다.

서로 다른 세트 상품을 만들 수 있는 방법의 수를 구하시오.(2007학년도 6월 모의)

[풀이] A, B를 포함하는 경우 : ${}_5C_2=10$가지
A, B를 포함하지 않는 경우 : ${}_6C_4={}_6C_2=15$가지
따라서 구하는 답은 25 ■

예제 2.6

6명이 3개의 조로 나누어 서로 다른 3편의 영화를 각각 1편씩 본 다음 토론을 하기로 하였다. 각 영화를 보는 사람이 적어도 한 명씩은 있어야 한다고 할 때, 이들 6명이 영화를 보는 경우의 수는?

[풀이1] 구하는 경우의 수는 $X=1,\ 2,\ 3,\ 4,\ 5,\ 6$에서 $Y=a,\ b,\ c$로의 함수 중에서 공역과 치역이 같은 함수의 개수와 같다.

X에서 Y로의 함수의 개수는 $3^6 = 729$

치역의 원소의 개수가 1개인 함수의 개수는 3

치역의 원소의 개수가 2개인 함수의 개수는 $3 \times (2^6 - 2) = 186$

따라서 구하는 답은 $729 - (3 + 186) = 540$

[풀이2] 같은 영화를 본 사람의 수는 다음 세 가지 경우가 있다.

4, 1, 1인 경우 : $\frac{1}{2!}\binom{6}{4}\binom{2}{1}\binom{1}{1} \cdot 3 \neq 90$

3, 2, 1인 경우 : $\binom{6}{3}\binom{3}{2}\binom{1}{1} \cdot 3 \neq 360$

2, 2, 2인 경우 : $\frac{1}{3!}\binom{6}{2}\binom{4}{2}\binom{2}{2} \cdot 3 \neq 90$

따라서 구하는 답은 $90 + 360 + 90 = 540$ ■

예제 2.7

5개의 문자 A, B, C, D, E에서 중복을 허락하여 세 문자를 택해 인터넷 사이트에 로그인할 때 사용할 암호를 만들려고 한다. 이때, 문자 A를 반드시 포함하여 만들 수 있는 암호의 개수는?

[풀이1] A 1개와 같은 문자 2개로 만들 수 있는 암호의 개수는 ${}_4C_1 \times \frac{3!}{2!} = 12$

A 1개와 다른 문자 2개로 만들 수 있는 암호의 개수는 ${}_4C_2 \times 3! = 36$

A 2개와 다른 문자 1개로 만들 수 있는 암호의 개수는 ${}_4C_1 \times \frac{3!}{2!} = 12$

A 3개로 만들 수 있는 암호의 개수는 1

따라서 구하는 암호의 개수는

$$12 + 36 + 12 + 1 = 61$$

[풀이2] A, B, C, D, E에서 중복을 허락하여 세 문자를 택하여 만들 수 있는 암호의 개수는 5^3이고 B, C, D, E에서 중복을 허락하여 세 문자를 택하여 만들 수 있는 암호의 개수는 4^3이므로 구하는 암호의 개수는

$$5^3 - 4^3 = 125 - 64 = 61$$ ■

2.2 이항항등식(Binomial identities)

파스칼의 공식으로부터 도출된 유용한 공식을 다음 정리에서 살펴본다.

정리 2.3

임의의 양의 정수 m, n에 대하여 다음 등식이 성립한다.

$$\sum_{k=0}^{n}\binom{k}{m}=\binom{n+1}{m+1} \tag{7}$$

$$\sum_{k=0}^{n}\binom{m+k}{k}=\binom{m+n+1}{n} \tag{8}$$

[증명] 파스칼의 공식 (3)을 계속해서 이용한다.

$$\begin{aligned}\binom{r}{m+1}&=\binom{r-1}{m+1}+\binom{r-1}{m}\\&=\binom{r-2}{m+1}+\binom{r-2}{m}+\binom{r-1}{m}\\&=\binom{r-3}{m+1}+\binom{r-3}{m}+\binom{r-2}{m}+\binom{r-1}{m}\\&\cdots\cdots\\&=\binom{r-t}{m+1}+\binom{r-t}{m}+\binom{r-t+1}{m}+\cdots+\binom{r-2}{m}+\binom{r-1}{m}\end{aligned}$$

여기서 r과 t에 $n+1$을 대입하면

$$\binom{0}{m+1}=0,\ (\because m\text{은 양의 정수})$$

이므로

$$\binom{n+1}{m+1}=\binom{0}{m}+\binom{1}{m}+\binom{2}{m}+\cdots+\binom{n}{m}$$

을 얻는다.

물론 별해도 가능하다. 집합 $\{1, 2, ..., \mathrm{n}+1\}$에서 $m+1$개를 뽑는 방법의 수는 $\binom{n+1}{m+1}$이다. 이를 다른 방법으로 구해보자. $\{1, 2, ..., \mathrm{n}+1\}$에서 $m+1$개를 뽑는데 최대 원소가 $m+1$인 경우는 $\binom{m}{m}$가지이고, 최대 원소가 $m+2$인 경우는 $\binom{m+1}{m}$가지이고, $\cdots$, 최대 원소가 $n+1$인 경우는 $\binom{n}{m}$가지이다. 조합수학적 방법에 의해 다음 등식을 얻는다.

$$\binom{n+1}{m+1}=\binom{m}{m}+\binom{m+1}{m}+\cdots+\binom{n}{m}$$

식 (7)을 이용하여 식 (8)을 증명하자.

$$\begin{aligned}\sum_{k=0}^{n}\binom{m+k}{k}&=\sum_{k=-m}^{n}\binom{m+k}{k}=\sum_{k=-m}^{n}\binom{m+k}{m}\\&=\sum_{k=0}^{m+n}\binom{k}{m}=\binom{m+n+1}{m+1}\quad(\because (7))\\&=\binom{m+n+1}{n}\end{aligned}$$

물론 별해도 가능하다. 집합 $\{1, 2, ..., \mathrm{m}+\mathrm{n}+1\}$에서 n개를 뽑는 방법의 수는 $\binom{m+n+1}{n}$이다. 이를 다른 방법으로 구해보자. $\{1, 2, ..., \mathrm{m}+\mathrm{n}+1\}$에서 n개를 뽑는데 포함되지 않은 최대 원소가 $m+1$이면 $\binom{m}{0}$가지이고, 포함되지 않은 최대 원소가 $m+2$이면 $\binom{m+1}{1}$가지이고, ... , 포함되지 않은 최대 원소가 $m+n+1$이면 $\binom{m+n}{n}$가지이다. 조합수학적 방법에 의해 다음 등식을 얻는다.

$$\sum_{k=0}^{n}\binom{m+k}{k}=\binom{m+n+1}{n}$$

n에 관한 수학적 귀납법으로 증명할 수 있다.

$n=1$일 때 $\binom{m}{0}+\binom{m+1}{1}=m+2=\binom{m+2}{1}$이므로 성립한다. n일 때 가정하고 $n+1$일 때 성립함을 보이자.

$$\sum_{k=0}^{n+1}\binom{m+k}{k}=\binom{m+n+1}{n}+\binom{m+n+1}{n+1}=\binom{m+n+2}{n+1}$$ ■

사실, 식 (7)은 $m=1$이면 유명한 다음 공식이 된다.

$$\sum_{k=1}^{n} k = \binom{n+1}{2} = \frac{n(n+1)}{2}$$

예제 2.8

식 $1\cdot2\cdot3+2\cdot3\cdot4+\cdots+(n-2)(n-1)n$을 간단히 하라.

[풀이] $(k-2)(k-1)k = P(k,\ 3) = 3!\binom{k}{3}$이므로

$$\begin{aligned}(\text{준식}) &= 3!\binom{3}{3}+3!\binom{4}{3}+\cdots+3!\binom{n}{3}\\ &= 3!\left[\binom{3}{3}+\binom{4}{3}+\cdots+\binom{n}{3}\right]\\ &= 3!\binom{n+1}{4}\ (\because (7))\\ &= \frac{1}{4}(n+1)n(n-1)(n-2)\end{aligned}$$

■

예제 2.9

식 $1^2+2^2+3^2+\cdots+n^2$을 간단히 하라.

[풀이] $k^2 = k(k-1)+k = 2\binom{k}{2}+\binom{k}{1}$이므로

$$\begin{aligned}(\text{준식}) &= \left[2\binom{2}{2}+2\binom{3}{2}+\cdots+2\binom{n}{2}\right]+\left[\binom{1}{1}+\binom{2}{1}+\cdots+\binom{n}{1}\right]\\ &= 2\binom{n+1}{3}+\binom{n+1}{2}\ (\because (7))\\ &= \frac{1}{6}n(n+1)(2n+1)\end{aligned}$$

■

일반화된 이항계수 $\binom{r}{k}$의 정의는 다음과 같다.

r이 실수이고 k가 정수일 때,

$$\binom{r}{k}=\begin{cases}\dfrac{r(r-1)\cdots(r-k+1)}{k!} & (k>0)\\ 1 & (k=0)\\ 0 & (k<0)\end{cases}$$

예를 들면,

$$\binom{5/2}{4}=\frac{5/2\cdot 3/2\cdot 1/2\cdot(-1/2)}{4!}=-\frac{5}{128},$$

$$\binom{-8}{2}=\frac{(-8)(-9)}{2}=36,\ \binom{1.5}{0}=1,\ \binom{3}{-2}=0$$

만약 n이 음의 정수일 때 대칭성 공식 (2)가 성립할까?

먼저 $k\geqq 0$일 때

$$\binom{-1}{k}=(-1)^k,\ \binom{-1}{-1-k}=0$$

그리고 $k<0$일 때

$$\binom{-1}{k}=0,\ \binom{-1}{-1-k}=(-1)^{-1-k}$$

따라서 공식 (2)는 $n\geqq 0$일 때 성립한다.

일반화된 이항계수 $\binom{r}{k}$에서 다음 등식이 성립한다.

$$\binom{r}{k}=(-1)^k\binom{k-r-1}{k}\quad (k\text{는 정수}) \tag{9}$$

왜냐하면, $r(r-1)\cdots(r-k+1)=(-1)^k(-r)(1-r)\cdots(k-1-r)$이기 때문이다.

식 (9)를 이용하면

$$\binom{m+n}{n}=(-1)^n\binom{n-(m+n)-1}{n}=(-1)^n\binom{-m-1}{n}$$

이고

$$\binom{m+n}{m}=(-1)^m\binom{m-(m+n)-1}{m}=(-1)^m\binom{-n-1}{m}$$

이므로

$$(-1)^m\binom{-n-1}{m}=(-1)^n\binom{-m-1}{n},\quad (m,\ n\text{은 음이 아닌 정수})$$

을 얻는다.

식 (9)를 이용하여 $\binom{n}{0}-\binom{n}{1}+\binom{n}{2}-\cdots+(-1)^m\binom{n}{m}$의 값을 구하면

$$\begin{aligned}\sum_{k=0}^{m}(-1)^k\binom{n}{k} &= \sum_{k=0}^{m}\binom{k-n-1}{k} \quad (\because (9))\\ &= \binom{-n+m}{m} \quad (\because (7))\\ &= (-1)^m\binom{n-1}{m} \quad (\because (9))\end{aligned}$$

이다.

이제 유명한 이항계수에 관한 등식인 Vandermonde's convolution을 다음 정리에서 살펴본다.

정리 2.4

$$\sum_{k=0}^{n}\binom{r}{k}\binom{s}{n-k}=\binom{r+s}{n} \tag{10}$$

$$\sum_{k=0}^{n}\binom{r}{k}\binom{s}{n+k}=\binom{r+s}{r+n} \tag{11}$$

$$\sum_{k=0}^{p}\binom{p-k}{m}\binom{q+k}{n}=\binom{p+q+1}{m+n+1} \tag{12}$$

[증명] 식 (10)을 증명하기 위해 조합수학적인 방법을 사용하자.

우변의 $\binom{r+s}{n}$은 r명의 남자와 s명의 여자 중에서 n명을 뽑는 경우의 수이고, 좌변은 k명의 남자와 $n-k$명의 여자를 뽑는 경우의 수를 $k=0, 1, 2, \cdots, n$에 대하여 모두 더한 것이다. 따라서 우변과 좌변은 같다.

물론 생성함수를 이용한 별해도 가능하다. 즉,

$$\begin{aligned}\sum_{n=0}^{r+s}\binom{r+s}{n}x^n &= (1+x)^{r+s} = (1+x)^r(1+x)^s\\ &= \left[\sum_{n=0}^{r}\binom{r}{n}x^n\right]\left[\sum_{n=0}^{s}\binom{s}{n}x^n\right]\end{aligned}$$

$$= \sum_{n=0}^{r+s} \left[\sum_{k=0}^{n} \binom{r}{k} \binom{s}{n-k} \right] x^n$$

에서 계수를 비교하면 식 (10)을 얻는다.

식 (11)은 식 (10)에서 얻어진다.

$$\sum_{k=0}^{n} \binom{r}{k} \binom{s}{n+k} = \sum_{k=0}^{n} \binom{r}{k} \binom{s}{s-n-k} \quad (\because (2))$$

$$= \binom{r+s}{s-n} = \binom{r+s}{r+n} (\because (10))$$

식 (12)는 식 (9), (10)을 이용하여 얻어진다.

$$\binom{p-k}{m} = \binom{p-k}{p-k-m} = (-1)^{p-k-m} \binom{-m-1}{p-k-m}$$

이고

$$\binom{q+k}{n} = \binom{q+k}{q+k-n} = (-1)^{q+k-n} \binom{-n-1}{q+k-n}$$

이므로

$$\sum_{k=0}^{p} \binom{p-k}{m} \binom{q+k}{n}$$

$$= \sum_{k=0}^{p} (-1)^{p+q-m-n} \binom{-m-1}{p-k-m} \binom{-n-1}{q+k-n}$$

$$= (-1)^{p+q-m-n} \binom{-m-n-2}{p+q-m-n} (\because (10))$$

$$= \binom{p+q+1}{m+n+1}. (\because (9))$$

■

여기서 식 (7)은 식 (12)의 특수한 경우이다. 식 (12)에서 $q=0$으로 놓고 m과 n을 교환하고 $n=0$으로 놓고 p에 n을 대입하면, 식 (7)을 얻는다.

일반적인 이항계수 $\binom{r}{k}$에서

$$r\left(r-\frac{1}{2}\right)(r-1)\left(r-\frac{3}{2}\right) \cdots (r-k+1)\left(r-k+\frac{1}{2}\right)$$

$$= \frac{(2r)(2r-1) \cdots (2r-2k+1)}{2^{2k}}$$

이므로

$$\binom{r}{k}\binom{r-1/2}{k}=\frac{\binom{2r}{2k}\binom{2k}{k}}{2^{2k}}$$

특히 $k=r=n$일 때

$$\binom{n-1/2}{n}=\frac{\binom{2n}{n}}{2^{2n}}$$

이고 식 (9)에 의해서

$$\binom{n-1/2}{n}=(-1)^n\binom{-1/2}{n}$$

이므로 다음 등식을 얻는다.

$$\binom{-1/2}{n}=\left(\frac{-1}{4}\right)^n\binom{2n}{n} \tag{13}$$

다음 식은 파스칼의 삼각형에서 가운데 열에 있는 이항계수들 끼리의 성질이다.

$$\sum_k\binom{2k}{k}\binom{2n-2k}{n-k}=4^n$$

왜냐하면

$$\begin{aligned}(-1)^n &= \binom{-1}{n}\\ &=\sum_k\binom{-1/2}{k}\binom{-1/2}{n-k}\\ &=\sum_k\left(\frac{-1}{4}\right)^k\binom{2k}{k}\left(\frac{-1}{4}\right)^{n-k}\binom{2(n-k)}{n-k}\\ &=\frac{(-1)^n}{4^n}\sum_k\binom{2k}{k}\binom{2n-2k}{n-k}\end{aligned}$$

이기 때문이다.

2.3 뉴톤의 이항정리와 다항정리

다음 두 정리, 즉 정리 2.5(뉴톤의 이항정리)와 정리 2.6(다항정리)은 이항정리 (Binomial theorem)인 정리 2.2의 일반화이다. 정리 2.5는 $(x+y)^n$에서 정수 n을 실수 α로 확장시킨 것이고, 정리 2.6은$(x+y)^n$에서 변수 x, y의 개수를 늘려 $(x_1+x_2+\cdots+x_t)^n$으로 확장시킨 것이다.

정리 2.5 Newton's Binomial Theorem

실수 α와 $0 \leqq |x| < |y|$인 임의의 x, y에 대하여

$$(x+y)^\alpha = \sum_{k=0}^{\infty} \binom{\alpha}{k} x^k y^{\alpha-k} \tag{14}$$

여기서, $\binom{\alpha}{k} = \dfrac{\alpha(\alpha-1)\cdots(\alpha-k+1)}{k!}$

[증명] 실수 α와 $|z| < 1$인 임의의 z에 대하여

$$(1+z)^\alpha = \sum_{k=0}^{\infty} \binom{\alpha}{k} z^k \tag{15}$$

을 증명하면 된다.

식 (15)의 우변을 $f_\alpha(z)$라 놓자.

$$\begin{aligned} f_\alpha{}'(z) &= \sum_{k=1}^{\infty} k\binom{\alpha}{k} z^{k-1} \\ &= \sum_{k=0}^{\infty} (k+1)\binom{\alpha}{k+1} z^k \\ &= \alpha \sum_{k=0}^{\infty} \binom{\alpha-1}{k} z^k \\ &= \alpha f_{\alpha-1}(z) \end{aligned}$$

이고

$$\begin{aligned}(1+z)\,f_{\alpha-1}(z) &= (1+z)\sum_{k=0}^{\infty}\binom{\alpha-1}{k}z^k \\ &= 1+\sum_{k=1}^{\infty}\left[\binom{\alpha-1}{k}+\binom{\alpha-1}{k-1}\right]z^k \\ &= \sum_{k=0}^{\infty}\binom{\alpha}{k}z^k \\ &= f_\alpha(z)\end{aligned}$$

이다. 즉

$$(1+z)f_\alpha{}'(z)-\alpha f_\alpha(z)=0$$

따라서

$$\frac{d}{dx}\left[\frac{f_\alpha(z)}{(1+z)^\alpha}\right]=\frac{1}{(1+z)^{\alpha+1}}[(1+z)f_\alpha{}'(z)-\alpha f_\alpha(z)]=0$$

이므로 $\dfrac{f_\alpha(z)}{(1+z)^\alpha}$는 상수이다. 그런데 $z=0$일 때 1이므로

$$f_\alpha(z)=(1+z)^\alpha$$ ■

정리 2.5에서 α가 양의 정수 n이라면 $k>n$에 대하여 $\binom{n}{k}=0$이며, 위의 식은

$$(x+y)^n=\sum_{k=0}^{n}\binom{n}{k}x^k y^{n-k}$$

이 된다. 이것은 이항정리와 일치한다.

$z=\dfrac{x}{y}$로 두면 $(x+y)^\alpha=y^\alpha(z+1)^\alpha$이다. 따라서 정리 2.5는 다음 식과 동치라고 할 수 있다.

$$(1+z)^\alpha=\sum_{k=0}^{\infty}\binom{\alpha}{k}z^k$$

n이 양의 정수이고 $\alpha=-n$이면

$$\binom{\alpha}{k}=\binom{-n}{k}=\frac{-n(-n-1)\cdots(-n-k+1)}{k!}$$

$$=(-1)^k\frac{n(n+1)\cdots(n+k-1)}{k!}$$

$$=(-1)^k\binom{n+k-1}{k}$$

를 만족한다. 그러므로 $|z|<1$에 대하여

$$(1+z)^{-n}=\frac{1}{(1+z)^n}=\sum_{k=0}^{\infty}(-1)^k\binom{n+k-1}{k}z^k$$

이다. z 대신 $-z$를 대입하면

$$\frac{1}{(1-z)^n}=\sum_{k=0}^{\infty}\binom{n+k-1}{k}z^k \tag{16}$$

이다.

특별히 $n=1$이면 $\binom{n+k-1}{k}=\binom{k}{k}=1$이므로 우리가 잘 아는 무한등비급수 공식을 얻는다.

$$\frac{1}{1-z}=\sum_{k=0}^{\infty}z^k \tag{17}$$

전개식 (16)에서 나타나는 이항계수$\binom{n+k-1}{k}$는 1장에서 나타나는 중복조합의 수(즉, n개의 서로 다른 물건에서 k개를 중복을 허락하여 선택하는 방법의 수)와 같은 형태이다. 전개식 (16)의 조합론적인 증명을 제시한다. 무한등비급수 (17)로 시작하여 다음과 같이 쓸 수 있다.

$$\frac{1}{(1-z)^n}=(1+z+z^2+\cdots)\cdots\ (1+z+z^2+\cdots)\quad [n\text{개의 인자}] \tag{18}$$

이 n 개의 인자의 곱에서 처음 인자에서 z^{k_1}을 선택하고, 두 번째 인자에서 z^{k_2}을 선택하고, $\cdots$, n번째 인자로부터 z^{k_n}을 선택하여 z^k항을 만든다고 하자. 여기서 $k_1,\ k_2,\ \cdots,\ k_n$은 음이 아닌 정수이며 $k_1+k_2+\cdots+k_n=k$이다.

$$z^{k_1}z^{k_2}\cdots z^{k_n}=z^{k_1+k_2+\cdots+k_n}=z^k$$

그러므로 z^k을 구하는 방법의 수, 즉 식 (18)에서 z^k의 계수는 다음 방정식의 음이 아닌 정수해의 개수와 같다.

$$k_1 + k_2 + \cdots + k_n = k$$

우리는 이 방정식의 해가 $\binom{n+k-1}{k}$ 게임을 이미 알고 있다.

이항정리는 제곱근의 근사값을 구하는데 사용될 수 있다. $\alpha = \frac{1}{2}$을 택하면

$\binom{\alpha}{0} = 1$ 이며, $k > 0$에 대하여

$$\binom{\alpha}{k} = \binom{1/2}{k} = \frac{\frac{1}{2}\left(\frac{1}{2}-1\right)\cdots\left(\frac{1}{2}-k+1\right)}{k!}$$

$$= \frac{(-1)^{k-1}}{2^k}\frac{1\times 2\times 3\times 4\times\cdots\times(2k-3)\times(2k-2)}{2\times 4\times\cdots\times(2k-2)\times(k!)}$$

$$= \frac{(-1)^{k-1}}{k\times 2^{2k-1}}\frac{(2k-2)!}{(k-1)!^2}$$

$$= \frac{(-1)^{k-1}}{k\times 2^{2k-1}}\binom{2k-2}{k-1}$$

이다. 따라서 $|z| < 1$에 대하여

$$\sqrt{1+z} = (1+z)^{1/2} = 1 + \sum_{k=1}^{\infty}\frac{(-1)^{k-1}}{k\times 2^{2k-1}}\binom{2k-2}{k-1}z^k$$

$$= 1 + \frac{1}{2}z - \frac{1}{2\times 2^3}\binom{2}{1}z^2 + \frac{1}{3\times 2^5}\binom{4}{2}z^3 - \cdots$$

이다.

예를 들면,

$$\sqrt{20} = \sqrt{16+4} = 4\sqrt{1+0.25}$$

$$= 4\left(1 + \frac{1}{2}(0.25) - \frac{1}{8}(0.25)^2 + \frac{1}{16}(0.25)^3 - \cdots\right)$$

$$= 4.472\cdots$$

이다.

이항계수의 확장인 다항계수(multinomial coefficient)의 정의는 다음과 같다.

$$\binom{n}{n_1\, n_2 \cdots\, n_t} = \frac{n!}{n_1!n_2!\cdots n_t!}$$

$$[n_1,\ \cdots,\ n_t \text{는 음이 아닌 정수},\ n_1+\cdots+n_t=n]$$

다항계수는 1장에서 다룬 바와 같이 같은 것이 있는 순열의 개수와 관계가 있다.

음이 아닌 정수 n과 k에 대하여 이항계수 $\binom{n}{k}$는 다음 값을 갖는다.

$$\frac{n!}{k!(n-k)!} \quad (k=0,\ 1,\ \cdots,\ n)$$

여기서 $\binom{n}{k}$는 $\binom{n}{k \quad n-k}$로 표현할 수 있고, 두 가지 종류의 물건으로부터 각각 k 개와 $n-k$ 개를 선택하여 배열시킨 경우의 수와 같다.

양수인 n과 k에 대하여 이항계수의 파스칼의 공식은

$$\binom{n}{k \quad n-k}=\binom{n-1}{k \quad n-k-1}+\binom{n-1}{k-1 \quad n-k}$$

이며, 다항계수에 대한 파스칼의 공식은 다음과 같다.

$$\binom{n}{n_1 n_2 \cdots n_t}=\binom{n-1}{n_1-1 n_2 \cdots n_t}+\binom{n-1}{n_1 n_2-1 \cdots n_t}+\cdots+\binom{n-1}{n_1 n_2 \cdots n_t-1}$$

위의 식은 다항계수의 값을 대입하여 직접 계산할 수 있다. 예를 들어, $t=3$이고 $n_1,\ n_2,\ n_3$은 $n_1+n_2+n_3=n$인 양의 정수라 하자. 그러면

$$\begin{aligned}
&\binom{n-1}{n_1-1 n_2 n_3}+\binom{n-1}{n_1 n_2-1 n_3}+\cdots+\binom{n-1}{n_1 n_2 n_3-1}\\
&=\frac{(n-1)!}{(n_1-1)!n_2!n_3!}+\frac{(n-1)!}{n_1!(n_2-1)!n_3!)}+\frac{(n-1)!}{n_1!n_2!(n_3-1)!}\\
&=\frac{n_1\times(n-1)!}{n_1!n_2!n_3!}+\frac{n_2\times(n-1)!}{n_1!n_2!n_3!}+\frac{n_3\times(n-1)!}{n_1!n_2!n_3!}\\
&=(n_1+n_2+n_3)\times\frac{(n-1)!}{n_1!n_2!n_3!}=n\times\frac{(n-1)!}{n_1!n_2!n_3!}\\
&=\frac{n!}{n_1!n_2!n_3!}=\binom{n}{n_1 n_2 n_3}
\end{aligned}$$

이다.

일반적인 정리를 증명하기 전에 먼저 특별한 경우를 생각해 보자.

실수 $x_1,\ x_2,\ x_3$에 대하여 $(x_1+x_2+x_3)^3$ 을 전개시켜 같은 항끼리 모으면

$$x_1^3 + x_2^3 + x_3^3 + 3x_1^2x_2 + 3x_1x_2^2 + 3x_1^2x_3 + 3x_1x_3^2 + 3x_2^2x_3 + 3x_2x_3^2 + 6x_1x_2x_3$$

이다.

위의 합에서 나타나는 모든 항은 $n_1 + n_2 + n_3 = n$ 를 만족하는 음이 아닌 정수 n_1, n_2, n_3 에 대하여 $x_1^{n_1}x_2^{n_2}x_3^{n_3}$으로 된 것이다. 위의 식에서 $x_1^{n_1}x_2^{n_2}x_3^{n_3}$의 계수는

$$\binom{n}{n_1 n_2 n_3} = \frac{n!}{n_1!n_2!n_3!}$$

와 같다.

다항계수에 대한 다음 정리가 성립한다.

정리 2.6 다항정리(Multinomial Theorem)

자연수 n과 임의의 x_1, x_2, $\cdots$, x_t에 대하여

$$(x_1 + x_2 + \cdots + x_t)^n = \sum \binom{n}{n_1\, n_2 \cdots\, n_t} x_1^{n_1}x_2^{n_2}\cdots x_t^{n_t}$$

[여기서, 우변의 합은 $n_1 + n_2 + \cdots + n_t = n$의 모든 음이 아닌 정수해 n_1, n_2, $\cdots$, n_t에 대한 합이다.]

[증명] 좌변을 전개할 때, 항 $x_1^{n_1}x_2^{n_2}\cdots x_t^{n_t}$를 얻기 위해, n개의 $(x_1 + x_2 + \cdots + x_t)$ 중 n_1 개에서 x_1을 뽑고, $n - n_1$개의 $(x_1 + x_2 + \cdots + x_t)$ 중 n_2개에서 x_2을 뽑고, $\cdots$, $n - n_1 - \cdots - n_{t-1}$개의 $(x_1 + x_2 + \cdots + x_t)$ 중 n_t개에서 x_t을 뽑는다. 곱의 법칙에 의해, 항 $x_1^{n_1}x_2^{n_2}\cdots x_t^{n_t}$의 계수는

$$\binom{n}{n_1}\binom{n-n_1}{n_2}\cdots\binom{n-n_1-\cdots-n_{t-1}}{n_t} = \frac{n!}{n_1!n_2!\cdots n_t!} = \binom{n}{n_1\, n_2 \cdots\, n_t}$$

■

예제 2.10

다항식 $(1+x+x^2)^8$을 전개할 때, x^5의 계수를 구하라.

[풀이] 먼저, 항 $1^3x^5(x^2)^0$에서 가능한 경우의 수는 $\binom{8}{3\ 5}=56$이고, 항 $1^2x^3(x^2)^1$에서 가능한 경우의 수는 $\binom{8}{2\ 3\ 1}=280$이고, 항 $1^5x^1(x^2)^2$에서 가능한 경우의 수는 $\binom{8}{5\ 1\ 2}=168$이다. 따라서 구하는 x^5의 계수는

$$56+280+168=504$$

■

참고로, $(x_1+x_2+\cdots+x_t)^n$을 전개할 때 나타나는 서로 다른 항의 개수는 다음 방정식의 음이 아닌 정수해의 개수와 같다.

$$n_1+n_2+\cdots+n_t=n$$

1.2절에서, 이 방정식의 음이 아닌 정수해의 개수는

$$\binom{n+t-1}{n}$$

예를 들어, $(x_1+x_2+x_3+x_4)^6$을 전개하면 서로 다른 항이

$$\binom{6+4-1}{6}=\binom{9}{6}=84$$

개 있다.

정리 2.7

음이 아닌 정수 k, n이

$$k \leqq \frac{n-1}{2}\text{일 때 } \binom{n}{k} \leqq \binom{n}{k+1}$$

$$k \geqq \frac{n-1}{2}\text{일 때 } \binom{n}{k} \geqq \binom{n}{k+1}$$

이고 등호는 $n=2k+1$일 때 성립한다.

[증명] $\binom{n}{k} \leq \binom{n}{k+1}$ 즉 $\dfrac{n!}{k!(n-k)!} \leq \dfrac{n!}{(k+1)!(n-k-1)!}$

의 양변에 $n!$을 나누고 $k!(n-k-1)!$을 곱하면

$$\frac{1}{n-k} \leq \frac{1}{k+1} \Leftrightarrow 2k+1 \leq n \Leftrightarrow k \leq \frac{n-1}{2}$$

를 얻는다. ■

함수 $f: \{1, 2, \ldots, \mathrm{n}\} \to \{1, 2, \ldots, \mathrm{m}\}$가 $a \leq b$일 때 $f(a) \leq f(b)$이면, f를 증가 함수(increasing function)라고 한다. 이제 이 증가함수와 $(1, 1)$에서 $(n+1, m)$으로 격자점을 따라 가는 최단경로를 다음과 같이 일대일 대응시키자.

(i) $f(1) > 1$이면 $(1, 1)$을 $(1, f(1))$으로 연결한다.

(ii) $i = 1, 2, \ldots, n-1$에 대하여 $f(i) = f(i+1)$이면 $(i, f(i))$를 $(i+1, f(i+1))$로 연결한다. $f(i) < f(i+1)$이면 $(i, f(i))$를 $(i+1, f(i))$로 연결하고 $(i+1, f(i))$를 $(i+1, f(i+1))$로 연결한다.

(iii) $f(n) = m$일 때 $(n, f(n))$을 $(n+1, m)$으로 연결한다. $f(n) < m$이면 $(n, f(n))$을 $(n+1, f(n))$로 연결하고 $(n+1, f(n))$을 $(n+1, m)$으로 연결한다.

예를 들어, 함수 $f: \{1, 2, \ldots, 6\} \to \{1, 2, \ldots, 5\}$와 $(1, 1)$에서 $(7, 5)$로 격자점을 따라 가는 최단경로 R를 일대일 대응시키면 다음과 같다.

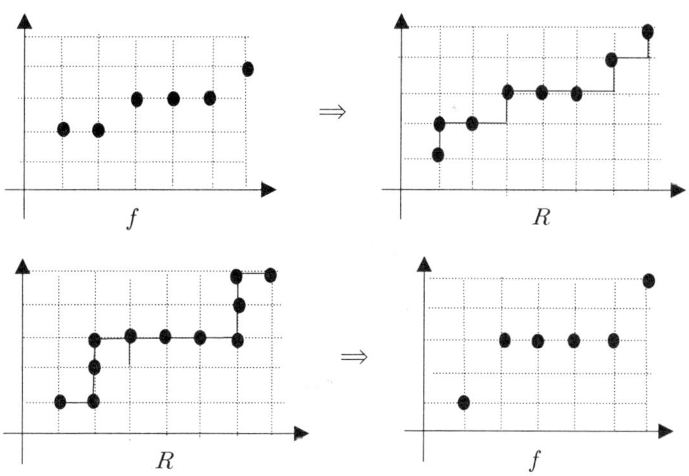

따라서 다음 결과를 얻는다.

예제 2.11

증가함수 $f: \{1, 2, ..., n\} \rightarrow \{1, 2, ..., m\}$의 개수는 $(1, 1)$에서 $(n+1, m)$으로 격자점을 따라 가는 최단경로의 개수와 같으므로 $\binom{m+n-1}{n}$이다.

참고로, 증가함수 $f: \{1, 2, ..., n\} \rightarrow \{1, 2, ..., m\}$의 개수는 집합 $\{1, 2, ..., m\}$에서 중복을 허락하여 n개를 뽑는 방법의 수 $\binom{m+n-1}{n}$이다.

직선 $L: y=x+k\,(k \in \mathbb{Z})$의 한 쪽에 점 P, Q가 있고 L에 대한 점 P의 대칭점을 P'이라 하자. 그러면 대칭원리(reflection principle)는 다음과 같다.

> L을 만나며 P에서 Q로 가는 최단경로의 개수는 P'에서 Q로 가는 최단경로의 개수와 같다.

[증명] L을 만나며 P에서 Q로 가는 최단경로의 집합을 X라 하고 P'에서 Q로 가는 최단경로의 집합을 Y라 하자. X의 원소 $R(PSQ)$는 P에서 Q로 가면서 처음으로 S에서 L을 만난다. 이에 대응하는 Y의 원소는 그림과 같이 $R(P'SQ)$이다.
따라서 $|X|=|Y|$

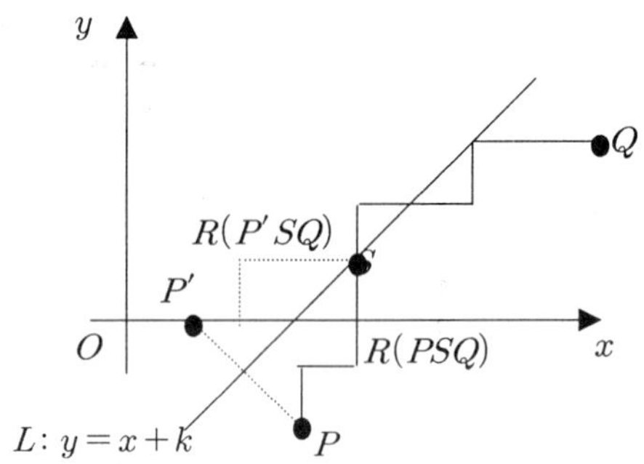

■

예제 2.12

증가함수 $f: \{1, 2, ..., n\} \to \{0, 1, 2, ..., n-1\}$ 중에서 임의의 $a \in \{1, 2, ..., n\}$ 에 대하여 $f(a) < a$를 만족시키는 함수의 개수는 $\frac{1}{n+1}\binom{2n}{n}$이다.

[풀이] 증가함수 $f: \{1, 2, ..., n\} \to \{0, 1, 2, ..., n-1\}$ 중에서 임의의 $a \in \{1, 2, ..., n\}$에 대하여 $f(a) < a$를 만족시키는 함수의 개수는 직선 $y = x$를 만나지 않으며 $(1, 0)$에서 $(n+1, n-1)$로 격자점을 따라 가는 최단경로의 개수와 같다. 이를 n_1이라 하고 $(1, 0)$에서 $(n+1, n-1)$로 격자점을 따라 가는 최단경로의 개수를 n_2라 하고 직선 $y = x$를 만나며 $(1, 0)$에서 $(n+1, n-1)$로 격자점을 따라 가는 최단경로의 개수를 n_3이라 하자.

그러면 $n_1 = n_2 - n_3$이고 $n_2 = \binom{(n+1-1)+(n-1)}{n} = \binom{2n-1}{n}$

그런데 n_3는 대칭원리에 의해 $(0, 1)$에서 $(n+1, n-1)$로 격자점을 따라 가는 최단경로의 개수와 같으므로 $n_3 = \binom{(n+1)+(n-1-1)}{n+1} = \binom{2n-1}{n+1}$

따라서 $n_1 = n_2 - n_3 = \binom{2n-1}{n} - \binom{2n-1}{n+1} = \frac{1}{n+1}\binom{2n}{n}$ ■

연습문제

1. 다음 식의 전개식에서 모든 계수의 합을 구하시오.

(1) $(2+3x)^5$ (2) $(3x-4y)^6$

(3) $(x-y)^6$

2. 집합 $\left\{\binom{s}{t} : s,\ t\text{는 } s+t \leq 12\text{를 만족하는 음이 아닌 정수}\right\}$의 원소의 합을 구하시오.

3. 다음을 간단히 하시오.

(1) $\sum_{k=0}^{n}(-1)^k\binom{n}{k}3^{n-k}$

(2) $\sum_{j=0}^{n}\sum_{i=j}^{n}\binom{n}{i}\binom{i}{j}$

(3) $\sum_{k=0}^{n}(2k+1)\binom{n}{k}$

4. $\sum_{k=0}^{49}(-1)^k\binom{99}{2k}$를 구하시오.

5. 단위 정육면체를 붙여서 만든 가로, 세로, 높이가 각각 l, m, n인 직육면체에 대하여 다음 물음에 답하시오.

(1) 이 직육면체 속에 직육면체는 몇 개 있는가? (정육면체 포함)

(2) 이 직육면체의 한 대각선의 양 끝점을 A, B라 할 때, 단위 정육면체의 모서리를 따라 A에서 B까지 가는 최단거리의 개수를 구하시오.

(3) $l=m=n$일 때, (2)에서 구한 수는 3의 배수임을 보이시오.

6. 식 $\sum_{k=m}^{n}\binom{k}{m}\binom{n}{k}$을 간단히 하시오.

7. 식 $\sum_{p=k-3}^{n-3}\binom{p}{k-3}\binom{n-p-1}{2}$을 간단히 하시오.

8. 식 $\sum_{k=0}^{m}(-1)^{k}\binom{n}{k}$을 간단히 하시오.

9. 식 $\sum_{k=1}^{n}k\binom{n}{k}$을 간단히 하시오.

10. 항등식 $\binom{k}{1}+6\binom{k}{2}+6\binom{k}{3}=k^3$을 이용하여, 식 $1^3+2^3+3^3+\cdots+n^3$을 간단히 하시오.

11. $\sum_{k=1}^{n}12(k+1)k(k-1)$의 값을 구하시오.

12. (1) $1+2\binom{n}{1}+3\binom{n}{2}+\cdots+(n+1)\binom{n}{n}$을 간단히 하시오.

(2) $\binom{n}{0}-2\binom{n}{1}+3\binom{n}{2}-\cdots+(-1)^{n}(n+1)\binom{n}{n}$을 간단히 하시오.

13. $\sum_{k=0}^{n} k(n-k)$의 값을 구하시오.

14. $\binom{n}{0}+2\binom{n}{1}+\binom{n}{2}+2\binom{n}{3}+\cdots$의 값을 구하시오.

15. $\sum_{k=2}^{n} k(k-1)\binom{n}{k}$을 간단히 하시오.

16. $1-\frac{1}{2}\binom{n}{1}+\frac{1}{3}\binom{n}{2}-\frac{1}{4}\binom{n}{3}+\cdots+(-1)^n\frac{1}{n+1}\binom{n}{n}$을 간단히 하시오.

17. $\sum_{k=1}^{n} k\,3^k\binom{n}{k}$을 간단히 하시오.

18. $\sum_{k=1}^{n}\binom{n}{k}\binom{n}{k-1}$을 간단히 하시오.

19. $n \leqq m$일 때, $\sum_{k=0}^{n}\binom{n}{k}\binom{m}{k}$을 간단히 하시오.

20. 자연수 n에 대하여, 다음을 증명하시오.

$$\sum_{k=0}^{n}(-1)^k\binom{n}{k}=\begin{cases}0, & (n\text{은 홀수})\\ (-1)^m\binom{2m}{m}, & (n=2m)\end{cases}$$

21. $(1+\sqrt{2})^7$을 전개할 때 $\sqrt{2}$의 계수는?

22. 다음 식을 하나의 이항계수로 표현하시오.

$$\binom{n}{k}+3\binom{n}{k-1}+3\binom{n}{k-2}+\binom{n}{k-3}$$

23. 다음 식을 전개할 때 $x_1^3x_2x_3^4x_5^2$의 계수를 구하시오.

$$(x_1+x_2+x_3+x_4+x_5)^{10}$$

24. 다음 식을 간단히 하시오.

$$\sum_{\substack{r,\,s,\,t\text{는 음이 아닌 정수}\\ r+s+t=n}}\binom{m_1}{r}\binom{m_2}{s}\binom{m_3}{t}$$

25. $6^{31}+8^{31}$을 49로 나눈 나머지는?

26. 집합 1, 2, ..., n의 각 r−부분집합에 대해서 최소 원소의 산술평균을 $F(n,\ r)$이라 할 때, $F(n,\ r)=\dfrac{n+1}{r+1}$을 증명하시오.

27. 정삼각형의 각 변을 n개의 점으로 $n+1$등분하고 이웃하는 변끼리 점을 연결한 $3n$개의 선분이 각각 세 번째 변과 평행일 때. 평행사변형의 개수는?

28. 자연수 m, n, $r(m,\ n \geqq r)$에 대하여 다음을 증명하시오.

$$\binom{m}{0}\binom{n}{r}+\binom{m}{1}\binom{n}{r-1}+\dots+\binom{m}{r}\binom{n}{0}=\binom{m+n}{r}$$

29. 음이 아닌 정수 p, q, r에 대하여 다음 등식을 증명하시오.

$$\binom{p+q}{q}\binom{r}{r}+\binom{p+q-1}{q}\binom{r+1}{r}+\dots+\binom{q}{q}\binom{r+p}{r}=\binom{p+q+r+1}{p}$$

30. 항이 $2n$개인 0과 1만으로 이루어진 수열에서 처음 n개 항에 있는 0의 개수와 나머지 n개 항에 있는 1의 개수가 같은 수열의 개수는?

31. 4를 1개 이상의 자연수의 순서합으로 표현할 때,

$$4=3+1=1+3=2+2=2+1+1=1+2+1=1+1+2=1+1+1+1$$

이므로 8가지가 있다. 위와 같이 n을 표현하는 방법의 수는?

32. 양의 정수 m, n, r에 대하여 중복집합 $M=a_1,\ a_2,\ \dots,\ a_n,\ m\cdot b$의 $r-$중복부분집합 중에서 다음 조건을 만족시키는 것의 개수는?

(1) $r \leqq m,\ r \leqq n$

(2) $n \leqq r \leqq m$

(3) $m \leqq r \leqq n$

33. $(1+x+x^2)^8$을 전개했을 때, x^5의 계수는?

34. $(1+x+x^2)^9$을 전개했을 때, x^6의 계수는?

35. $(1+x+x^2+\ldots+x^{10})^3$을 전개했을 때, 다음 항의 계수는?

(1) x^5 (2) x^8

36. $(1+x^3+x^5+x^7)^7$을 전개했을 때, x^{18}의 계수는?

37. $(1+x^5+x^7+x^9)^7$을 전개했을 때, x^{27}의 계수는?

38. 중복집합 $\{m \cdot 1,\ n \cdot 2\}$의 순열 중 m개의 1을 포함하는 순열의 개수는? (단, m, n은 양의 정수다.)

39. 집합 1, 2, ..., n의 각 r−부분집합에 대해서 최대 원소의 산술평균을 $H(n,\ r)$이라 할 때, $H(n,\ r)=r \cdot \dfrac{n+1}{r+1}$을 증명하시오.

40. $(1+x)^{2n}+x(1+x)^{2n-1}+x^2(1+x)^{2n-2}+\ldots+x^n(1+x)^n$을 전개했을 때, 다음 항의 계수를 구하시오.

(1) x^n

(2) $x^{n+r}\,(1\leq r\leq n)$

41. 다음 합을 간단히 하시오.

$$S=m!+\frac{(m+1)!}{1!}+\frac{(m+2)!}{2!}+\ldots+\frac{(m+n)!}{n!}$$

42. $a_0 + a_1x + a_2x^2 + \ldots + a_{2n}x^{2n} = (x + 2x^2 + \ldots + nx^n)^2$일 때, $\sum_{i=n+1}^{2n} a_i$의 값은?

43. 음이 아닌 정수 r에 대하여 다음을 증명하시오.

$${}_rP_r + {}_{r+1}P_r + \ldots + {}_{2r}P_r = {}_{2r+1}P_r$$

44. 음이 아닌 정수 r, n, m $(r < n)$에 대하여 다음을 증명하시오.

$${}_nP_r + {}_{n+1}P_r + \ldots + {}_{n+m}P_r = \frac{1}{r+1}\left({}_{n+m+1}P_{r+1} - {}_nP_{r+1}\right)$$

45. 증가수열 1, 3, 4, 9, 10, 12, 13, ...의 각 항이 3의 거듭제곱이거나 3의 서로 다른 거듭제곱의 합일 때, 이 수열의 100번째 항을 구하시오.

Chapter 3

비둘기집의 원리(Pigeonhole Principle)

이 장에서는 여러 가지 흥미로운 수학 문제를 풀 때 자주 나타나는 중요하고도 기본적인 조합 수학적 원리를 하나 살펴보고자 한다. 이 원리는 많은 이름을 가지고 있는데, 비둘기집의 원리(pigeonhole principle), 서랍법칙(Dirichlet drawer principle), 혹은 신발상자의 원리(shoebox principle)로 알려져 있다. 비둘기집의 원리를 대략 설명하면 다음과 같다. 비둘기들이 모두 비둘기집으로 들어갈 때, 비둘기집의 수보다 비둘기의 수가 더 많으면 적어도 어느 한 비둘기집에는 두 마리 이상의 비둘기가 들어있다.

3.1 (단순) 비둘기집의 원리

정리 3.1

$n+1$개의 물선을 n개의 상사에 넣을 때, 적어도 어느 한 상자에는 두 개 이상의 물건이 들어있다.

[증명] 귀류법으로 증명한다. 만약 각 상자에 한 개 이하의 물건만 들어있다면 전체 상자에 기껏해야 n개의 물건이 들어있다. 그러나 원래 $n+1$개의 물건이 있으므로 가정에 모순이다. 따라서 적어도 어느 한 상자에는 두 개 이상의 물건이 들어 있다. ■

이 원리를 함수의 형식으로 표현하자면 다음과 같다.

『X, Y는 공집합이 아닌 두 집합이고, 원소의 개수가 각각 X는 $n+1$개, Y는 n개이다. 그러면 함수 $f : X \to Y$는 단사함수(injective function)가 아니다.』

여기서 비둘기집의 원리는 어느 상자에 두 개 이상의 물건이 있는지 아무 도움이 되지 않고 단지 그런 상자의 존재성을 보장할 따름이다.

예제 3.1

13명이 있으면 그 중에 띠가 같은 사람이 두 명 있다.

예제 3.2

수의 집합 $\{1, 4, 7, 10, 13, \cdots, 97, 100\}$에서 적어도 몇 개를 뽑아야 두 수의 합이 104인 2-원소집합이 존재하는가?

[풀이] 주어진 집합을 분할하여 $\{4, 100$, $\{7, 97\}$, $\{10, 94\}$, $\cdots$, $\{49, 55\}$, $\{1, 52\}$의 18개의 부분집합(이를 각각 상자로 생각하자!)에서 하나씩 숫자를 뽑으면 두 수의 합이 104인 2-원소집합은 없다. 하나 더 뽑으면 2-원소집합이 생성된다. 따라서 구하는 답은 19개다. ■

예제 3.3

m개의 정수 $a_1, a_2, \cdots, a_m$이 있다. $(a_{k+1}+a_{k+2}+\cdots+a_l)$이 m에 의해 나누어지는 정수 k, l $(0 \leq k < l \leq m)$이 존재함을 증명하라. (즉, m으로 나누어지는 연속합이 존재함을 증명하라.)

[증명] 먼저 m개의 연속합 a_1, a_1+a_2, $a_1+a_2+a_3$, $\cdots$, $a_1+a_2+a_3+\cdots+a_m$을 생각

해 보자. 만약 이 중에 어느 한 합이 m에 의해 나누어지면 증명은 끝난다. 따라서 위의 m개의 합이 m에 의해 나누어지지 않는다고 가정하자. 그러면 각 합은 m으로 나눌 때 나머지가 1, 2, 3, ⋯, $m-1$중에 어느 하나다. m개의 합이 있고 $m-1$개의 나머지가 있으므로 정리 3.1에 의하여 m으로 나눌 때 나머지가 같은 두 합이 존재한다.

이 두 합을 $a_1+a_2+\cdots+a_k$와 $a_1+a_2+\cdots+a_l$ $(1 \leq k < l \leq m)$라 하고 m으로 나눌 때 나머지를 r이라 하자. 그러면 적당한 정수 b, c에 대하여 다음을 만족한다.

$$a_1+a_2+\cdots+a_k = bm+r$$

$$a_1+a_2+\cdots+a_l = cm+r$$

여기서 둘을 빼면

$$a_{k+1}+\cdots+a_l = (c-b)m$$

을 얻고, $a_{k+1}+\cdots+a_l$은 m에 의해 나누어진다. ■

예제 3.4

정수 1, 2, 3, ⋯, 200 에서 101개를 뽑으면 그 중에 어느 하나가 다른 것을 나누는 두 수가 반드시 존재함을 증명하라.

[풀이] 모든 정수는 $2^k \cdot a$($k \geq 0$이고 a는 홀수)의 꼴로 표현할 수 있다. 1부터 200까지의 정수를 위의 꼴로 바꾸면 a는 1, 3, 5, ⋯, 199의 100개의 정수 중에서 어느 하나다. 따라서 정리 3.1에 의해 뽑은101개의 정수 중에서 어느 두 수는 a가 같다. 이를 $2^r \cdot a$와 $2^s \cdot a$로 놓자. 만약 $r \leq s$이면 전자가 후자를 나누고, 만약 $r > s$이면 후자가 전자를 나눈다. ■

참고로, 예제 4의 정수 1, 2, 3, ⋯, 200 에서 100개를 뽑으면 결론이 성립하지 않는다. 즉 만약 100개의 정수

$$\{101, 102, 103, \cdots, 200\}$$

을 뽑으면 그 중에 어떤 수도 다른 수를 나누지 않는다.

예제 3.5

어느 국회의원은 30일 동안 45개 도시를 방문하면서 선거운동을 한다. 매일 적어도 한 도시 이상을 방문할 때 그가 정확히 14개 도시를 방문하는 어떤 기간이 존재함을 증명하라.

[풀이] 국회의원이 처음 k일 동안 방문한 도시의 개수를 n_k라 하자. 그러면

$$1 \leqq n_1 < n_2 < \cdots < n_{30} = 45$$

을 만족하고, 적당한 자연수 k, l 이 존재하여

$$n_l = n_k + 14 \quad (1 \leqq k < l \leqq 30)$$

임을 보이면 된다. 또한

$$15 \leqq n_1 + 14 < n_2 + 14 < \cdots < n_{30} + 14 = 59$$

도 성립한다. 그런데 n_1, n_2, $\cdots$, n_{30}, $n_1 + 14$, $n_2 + 14$, $\cdots$, $n_{30} + 14$는 60개인데 그 범위가 1부터 59까지의 자연수이다.따라서 정리 3.1에 의해 $n_k + 14 = n_l$인 자연수 k, l $(1 \leqq k < l \leqq 30)$이 존재한다. ■

예제 3.6

수열 7, 77, 777, 7777, ...에서 2003의 배수가 되는 항이 존재함을 증명하라.

[풀이] 주어진 수열의 n번째 항을 a_n이라 하자. 주어진 문제보다 더 강한 다음 문제를 보이자.

『수열 a_1, a_2, ..., a_{2003}에서 2003의 배수가 되는 항이 존재함을 증명하라.』

만약 수열 a_1, a_2, ..., a_{2003}에서 2003의 배수가 되는 항이 존재하지 않는다면 각 항을 2003으로 나눈 나머지 r는 $1 \leqq r \leqq 2002$이다. 비둘기집의 원리에 의해 나머지가 같은 두 항이 존재한다. 즉 $a_i = 2003k_i + r$, $a_j = 2003k_j + r$인 i, $j(j > i)$가 존재한다. $a_j - a_i = 2003(k_j - k_i)$이고 $a_j - a_i = a_{j-i} \cdot 10^i$인데 2003과 10^i이 서로소이므로 a_{j-i}가 2003의 배수의 배수이므로 모순이다.

■

다음은 임의의 무리수에 충분히 가까운 유리수를 찾는 방법을 제시하는데 비둘기집의 원리를 이용하여 증명할 수 있다.

예제 3.7

임의의 무리수 a와 양의 정수 Q에 대하여, 유리수 $\frac{n}{m}(0 < m \leq Q)$이 존재하여 $|a - \frac{n}{m}| < \frac{1}{mQ}$이 될 수 있음을 증명하라.

[증명] $0 < a < 1$이라 가정하고, 구간 $[0, 1]$을 Q등분하여 소구간

$$\left[0, \frac{1}{Q}\right], \left[\frac{1}{Q}, \frac{2}{Q}\right], \cdots, \left[\frac{Q-1}{Q}, 1\right]$$

을 만들고 $Q+1$개의 수 0, a, $\{2a\}$, $\cdots$, $\{Qa\}$를 생각한다. 단, $\{x\}$는 x의 소수부분이다.

비둘기집 원리에 의해 $\{ka\}$, $\{ha\}$가 같은 구간에 속하면 (단, $k > h$)

$$|\{ka\} - \{ha\}| = |(k-h)a - ([ka] - [ha])| < \frac{1}{Q}$$

$m = k - h$, $n = [ka] - [ha]$라 하면

$$|a - \frac{n}{m}| < \frac{1}{mQ}$$ ■

3.2 (일반) 비둘기집의 원리

정리 3.2

임의의 자연수 q_1, q_2, $\cdots$, q_n 에 대하여 $q_1 + q_2 + \cdots + q_n - n + 1$개의물건을 n개의 상자에 넣을 때, 첫 번째 상자에 적어도 q_1개, 또는 두 번째 상자에 적어도 q_2개, $\cdots$, n번 째 상자에 적어도 q_n개 이상의 물건이 들어있다.

[증명] 귀류법으로 증명한다. 만약 첫 번째 상자에 $q_1 - 1$개 이하의 물건이 들어있고, 두 번째 상자에 $q_2 - 1$개 이하의 물건이 들어있고, $\cdots$, n 번째 상자에 $q_n - 1$개 이하의 물건이 들어 있다면, 전체 상자에 기껏해야 $q_1 + q_2 + \cdots + q_n - n$개의 물건이 들어있다. 그러나 원래 $q_1 + q_2 + \cdots + q_n - n + 1$개의 물건이 있으므로 가정에 모순이다. ■

참고로, $q_1 = q_2 = \cdots = q_n = 2$이면 정리 3.1의 경우이고, 특별히 $q_1 = q_2 = \cdots = q_n = r$일 때 다음 결과를 얻는다.

따름 정리

$n(r-1)+1$ 개의 물건을 n개의 상자에 넣을 때 적어도 어느 한 상자에는 r개 이상의 물건이 들어있다.

예제 3.8

상자에 100개의 사과, 100개의 바나나, 100개의 오렌지, 100개의 배가 있다. 매분 과일을 하나씩 꺼낸다면 적어도 같은 종류의 과일 12개를 확실히 꺼내기 위해 몇 분이 소요되는가?

[풀이] 따름정리 3.3를 이용하여 $4 \times (12-1)+1 = 45$, 즉 45개의 과일을 꺼내면 그 속에 같은 종류의 과일이 적어도 12개 있다. ■

다음 정리는 따름정리 3.3과 유사한 결과로서 많이 인용된다.

정리 3.4

음이 아닌 n개의 정수 $m_1, m_2, \cdots, m_n$ 의 평균 $\dfrac{m_1 + m_2 + \cdots + m_n}{n}$ 이 $r-1$ 보다 크면, 이들 중 적어도 한 정수는 r이상이다. (단, r은 정수.)

[증명] 귀류법을 사용한다. 결론을 부정하여 만약 모든 i에 대하여 $m_i < r$이면,

$m_1 + m_2 + \cdots + m_n < nr$이 되고 $\dfrac{m_1 + m_2 + \cdots + m_n}{n} < r$이므로 모순이다.

■

예제 3.9

정수 0, 1, 2, ⋯, 9를 임의로 원주 위에 배열할 때, 적어도 하나의 이웃한 세 숫자는 합이 13을 넘는데 이를 증명하라.

[풀이] 0, 1, 2, ⋯, 9를 원주 위에 배열했을 때 순서대로 $x_0,\ x_1,\ x_2,\ \cdots,\ x_9$이고

$$s_1 = x_0 + x_1 + x_2$$

$$s_2 = x_1 + x_2 + x_3$$

$$\cdots\cdots\cdots$$

$$s_9 = x_8 + x_9 + x_0$$

$$s_{10} = x_9 + x_0 + x_1$$

라 놓으면, $s_1,\ s_2,\ \cdots,\ s_{10}$ 의 평균은

$$\frac{1}{10}\sum_{i=1}^{10} s_i = \frac{1}{10}\sum_{i=1}^{10} 3x_i = \frac{3}{10} \cdot 45 = 13.5 > 14 - 1$$

따라서 정리 3.4에 의해, 14이상인 (13을 넘는) s_i가 적어도 하나 존재한다.

■

정리 3.5

m개의 물건을 n개의 상자에 넣을 때 $\left[\dfrac{m-1}{n}\right] + 1$개 이상의 물건을 넣은 상자가 반드시 존재한다.

[증명] n개의 상자마다 각각 $\left[\dfrac{m-1}{n}\right] + 1$ 개 미만의 물건이 들어있다고 가정하자. 즉

n개의 상자마다 각각 $\left[\dfrac{m-1}{n}\right]$ 개 이하의 물건이 들어있다고 가정하자.

그러면 전체 물건의 개수는 많아야 $n \cdot \left[\dfrac{m-1}{n}\right]$이다. 그런데

$$n \cdot \left[\frac{m-1}{n}\right] \leqq m-1 < m$$

전체 물건의 개수가 m보다 작아지므로 모순이다. 따라서 $\left[\dfrac{m-1}{n}\right]+1$개 이상의 물건을 넣은 상자가 반드시 존재한다. ■

예제 3.10

2003명이 A, B, C 세 곳을 구경한다. 누구든지 반드시 한 곳에는 가게 되어 있고, 제일 많이 간 사람이라도 두 곳이었다. 그러면 적어도 몇 사람이 완전히 같은 장소를 구경했을까?

[풀이] 순서쌍 (a, b, c)에서 $a=1$은 A를 구경한 것을, $a=0$은 A를 구경하지 않은 것을 나타낸다고 하자. 그러면 조건을 만족하는 경우는 다음의 6가지 경우이다.

$$(1, 0, 0), (0, 1, 0), (0, 0, 1), (1, 1, 0), (1, 0, 1), (0, 1, 1)$$

정리 3.5에 의해 적어도 $\left[\dfrac{2002}{6}\right]+1=334$명의 사람이 완전히 같은 장소를 구경했다. ■

예제 3에서 '누구든지 반드시 한 곳에는 가게 되어 있고, 제일 많이 간 사람이라도 두 곳이었다.'라는 조건이 빠지면 구하는 답은

$$\left[\frac{2002}{8}\right]+1=251$$

예제 3.11

한 변의 길이가 1인 정사각형 내부에 10개의 점을 찍을 때, 다음이 성립함을 증명하라.

(1) 거리가 0.48 이하인 두 점이 존재한다.

(2) 반지름의 길이가 0.5인 원으로 덮을 수 있는 세 점이 존재한다.

[풀이] (1) 그림과 같이 한 변의 길이가 1인 정사각형을 9등분한다. 그러면 비둘기집의 원리에 의해 10개의 점 중 2개를 포함하는 작은 정사각형이 존재한다. 한 변의 길이가 $\frac{1}{3}$인 정사각형에서 가장 먼 거리가 $\frac{\sqrt{2}}{3}$이고 $\frac{\sqrt{2}}{3} < 0.48$

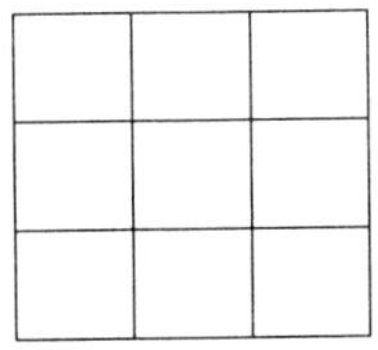

(2) 그림과 같이 한 변의 길이가 1인 정사각형을 4등분한다. 그러면 비둘기집의 원리에 의해 10개의 점 중 3개를 포함하는 작은 정사각형이 존재한다. 이 세 점으로 이루어진 삼각형의 외접원의 반지름의 길이는 0.5를 넘지 않는다.

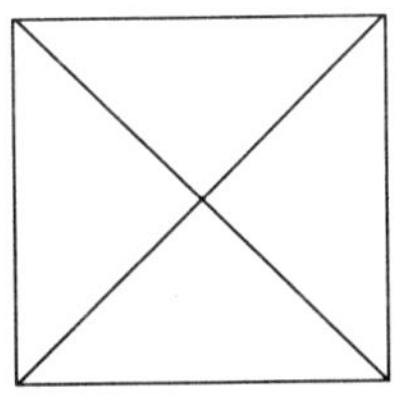

■

이제 비둘기집의 원리를 응용하는데 있어, 역사적으로 유명한 예를 들겠다. 다음 예제는 1935년 두 헝가리 수학자 P. Erdös와 A. Szekeres의 논문에서 찾을 수 있다.

예제 3.12

임의의 n^2+1개의 실수로 이루어진 수열 $a_1, a_2, \cdots, a_{n^2+1}$은 길이가 $n+1$인 증가부분수열 혹은 길이가 $n+1$인 감소부분수열을 포함함을 증명하라.

[증명] 길이가 $n+1$인 증가부분수열이 존재하지 않는다고 가정할 때, 길이가 $n+1$인 감소부분수열이 존재함을 보이면 된다.

$k=1, 2, \cdots, n^2+1$일 때, m_k를 a_k에서 시작하는 가장 긴 증가부분수열의 길이라 하면 $1 \leq m_k \leq n$이다. 따름정리 3.3에서 $r=n+1$ 즉 적어도 $n+1$개의 같

은 m_k들이 존재한다. 이들 같은 m_k들을

$$m_{k_1} = m_{k_2} = \cdots = m_{k_{n+1}}\ ,\ 1 \leqq k_1 < k_2 < \cdots < k_{n+1} \leqq n^2+1$$

라고 놓자. 만약 어떤 $i = 1,\ 2,\ \cdots,\ n$에 대해 $a_{k_i} < a_{k_{i+1}}$이면 $m_{k_i} > m_{k_{i+1}}$이므로 모순이다. 따라서 모든 $i = 1,\ 2,\ \cdots,\ n$에 대해 $a_{k_i} \geqq a_{k_{i+1}}$이다. 즉 $a_{k_1},\ a_{k_2},\ \cdots,\ a_{k_{n+1}}$은 길이 $n+1$인 감소부분수열이다. ■

예제 4를 다음과 같이 설명할 수 있다.

『n^2+1명의 사람이 일렬로 서있다고 하자. 그러면 그 중에 반드시 왼쪽에서 오른쪽으로 가며 키가 증가하는 (혹은 감소하는) $n+1$명의 사람을 뽑을 수 있다.』

예제 3.13

$A = \{a_1,\ a_2,\ \ldots,\ a_5\}$는 5개 자연수의 집합이다. A의 임의의 순열 $a_{i_1} a_{i_2} a_{i_3} a_{i_4} a_{i_5}$에 대하여 $(a_{i_1} - a_1)(a_{i_2} - a_2) \cdots (a_{i_5} - a_5)$가 짝수임을 보여라.

[증명] 비둘기집의 원리에 의하여 같은 홀짝성을 가지는 A의 원소가 적어도 3개 존재한다. 예를 들어 $a_1,\ a_2,\ a_3$가 같은 홀짝성을 가진다고 하자. 그러면 $\{a_{i_1},\ a_{i_2},\ a_{i_3}\} \cap \{a_1,\ a_2,\ a_3\} \neq \varnothing$ (만약 그렇지 않으면 $|A| \geq 6$이므로 모순이다.) 즉 $a_1 = a_{i_3}$라고 가정해도 좋다. 따라서 $a_{i_3} - a_3 = a_1 - a_3$가 짝수이므로 증명은 끝난다. ■

일반적으로 $A = \{a_1,\ a_2,\ \ldots,\ a_{2k+1}\}$가 $2k+1$개 자연수의 집합일 때, A의 임의의 순열 $a_{i_1} a_{i_2} \cdots a_{i_{2k+1}}$에 대하여 $\prod_{j=1}^{2k+1} (a_{i_j} - a_j)$가 짝수이다.

예제 3.14

$X \subseteq \{1,\ 2,\ 3,\ \ldots,\ 99\}$이고 $|X| = 10$일 때 $\sum\{y \mid y \in Y\} = \sum\{z \mid z \in Z\}$를 만족시키는 서로소이고 공집합이 아닌 X의 진부분집합 $Y,\ Z$가 존재함을

보여라.

[증명] $|X|=10$이므로 X의 공집합이 아닌 진부분집합의 개수는 $2^{10}-2=1022$
한편 X의 공집합이 아닌 진부분집합 A에 대하여

$$1 \leqq \sum\{a \mid a \in A\} \leqq 91+92+\cdots+99=855$$

이제 1022개의 X의 공집합이 아닌 진부분집합을 '1022개의 물건' 으로 생각하고 합 1, 2, ..., 855를 '855개의 상자'로 생각하면 비둘기집의 원리에 의해 합이 같은 X의 공집합이 아닌 서로 다른 진부분집합 B, C가 존재한다. 즉

$$\sum\{b \mid b \in B\} = \sum\{c \mid c \in C\}$$

따라서 $Y=B\backslash(B\cap C)$, $Z=C\backslash(B\cap C)$로 놓으면 X, Y는

$$\sum\{y \mid y \in Y\} = \sum\{z \mid z \in Z\}$$

를 만족시키는 서로소이고 공집합이 아닌 X의 진부분집합 ■

3.3 램지 정리(Ramsey's Theorem)

1930년경 영국 논리학자 F. P. Ramsey는 비둘기집의 원리를 확장시킨 램지 정리를 발표했다. 집합 S의 $t-$부분집합은 t개의 원소로 이루어진 S의 부분집합을 의미한다.

정리 3.6 램지 정리

자연수 $q_1, q_2, \cdots, q_n, t$는 $q_1 \geq t$, $q_2 \geq t$, $\cdots$, $q_n \geq t$을 만족한다. 다음 성질을 만족하고 $q_1, q_2, \cdots, q_n, t$에 의존하는 최소의 자연수 $N(q_1, q_2, \cdots, q_n; t)$이 존재한다.

만약$m \geq N(q_1, q_2, \cdots, q_n; t)$이고 S가 m개의 물건으로 이루어진 집합으로 S의 $t-$부분집합들을 n개의 상자에 넣을 때, q_1개의 물건이 존재해서 이 q_1개의 물건 중 모든 $t-$부분집합들이 첫 번째 상자에 있거나, q_2개의 물건이 존재해서 이 q_2개의 물건 중 모든 $t-$부분집합들이 두 번째 상자에 있거나, $\cdots$, q_n개의 물건이 존재해서 이 q_n개의 물건 중 모든 $t-$부분집합들이 n번째 상자에 있다.

이 정리의 증명은 생략한다. 정리 3.6에서 $t=1$인 경우는 정리 3.2의 경우다.

$N(q_1, q_2, \cdots, q_n;1)$이 존재해서 $m \geq N(q_1, q_2, \cdots, q_n;1)$일 때, m개의 물건을 n개의 상자에 넣는데 첫 번째 상자에 q_1개의 물건이 있거나, 또는 두 번째 상자에 q_2개의 물건이 있거나, …, n번 째 상자에 q_n개의 물건이 있다. 정리 3.2에 의해

$$N(q_1, q_2, \cdots, q_n;1) = (q_1 + q_2 + \cdots + q_n) - n + 1$$

특별히 $n=2$, $t=2$인 경우에 $r(q_1, q_2) = N(q_1, q_2;2)$를 램지수(Ramsey number)라 부른다. 아직도 많은 램지수가 풀리지 않은 채로 남아있다. 다음의 램지 수는 알려져 있다.

$$r(3, 3) = 6, \ r(3, 4) = 9, \ r(3, 5) = 14,$$
$$r(3, 6) = 18, \ r(3, 7) = 23, \ r(4, 4) = 18$$

그래프(graph) $G=(V, E)$는 유한개의 정점(vertex)의 집합 V와 어느 두 정점 사이를 잇는 간선(edge)의 집합 E로 구성된다.

$G=(V, E)$가 그래프일 때 모든 정점 $u, v \in V$ 에 대해 $\{u, v\} \in E$ 가 성립하면 (즉, u, v를 잇는 간선이 존재하면) 그래프 G를 완전그래프(complete graph)라고 한다. 특별히 $|V|=n$ 일 때 G를 K_n으로 표기한다.

이제 그래프이론에서의 용어를 이용하여 비둘기집의 원리의 일반화인 램지수(Ramsey numbers)를 살펴보겠다.

자연수 $p, q \geq 2$ 일 때, K_N의 간선을 실선이나 점선으로 표시할 때 K_N이 실선 K_p(실선만으로 이루어진 K_p)를 포함하거나 점선 K_q(점선만으로 이루어진 K_q)를 포함할 자연수 N이 존재하는데, 이를 만족하는 최소의 자연수 N을 램지수라고 하고

$$N = r(p, q)$$

로 표시한다.

램지수를 일상언어로 표현하면 다음과 같다.

『$r(p, q)$명(이상)의 사람이 있으면 그 중에 p명이 서로 알거나 q명이 서로 알지 못한다.』

다음은 자명하다.

『자연수 $p, q \geq 2$ 일 때, $r(p, 2) = p$, $r(2, q) = q$』

다음 예제에서 $r(3, 3) = 6$을 증명해 보겠다.

예제 3.15

6명의 사람이 있으면 그 중 3명이 서로 알거나 3명이 서로 알지 못함을 증명하라. 그러나 5명의 사람이 있으면 결론이 성립하지 않는 예를 들라.

[증명] 만약 5명이면, 원 모양으로 서 있을 때 양 옆사람들만 알고 나머진 모른다고 할 때 위의 결론이 성립 않는다. 이제 6명이면, 어느 한 사람을 기준으로 볼 때, 나머지 5명 중에 (비둘기 집의 원리에 의해) 적어도 3명은 서로 알거나 서로 알지 못한다. 그 3명을 서로 안다고 가정해도 일반성을 잃지 않는다. 그 3명 중에 어느 2명이 서로 알면 기준 되는 사람과 함께 서로 아는 3명이 만들어진다. 만약 그 3명 중에 어느 2명도 서로 알지 못하면 서로 알지 못하는 3명이 만들어진다.

따라서 6명이 결론을 만족시키는 최소의 인원임을 증명했다. ■

그러나 이 문제는 m, n이 조금만 커져도 의외로 상당히 어려워진다. $r(m, n)$은 유한하지만, 예를 들어 $r(4, 5)$조차 아직 알려진 바 없다.

다음 부등식은 램지수를 계산하는데 결정적으로 사용되고 또한 증명 과정에서 램지수의 존재성도 증명된다.

정리 3.7

자연수 $p, q \geq 3$ 일 때, 다음 부등식이 성립한다.

$$r(p, q) \leq r(p, q-1) + r(p-1, q)$$

[증명] $p+q$에 관하여 수학적 귀납법을 이용한다. $p+q=6$일 때 $p=q=3$이고 정리 3에 의하여,

$$r(3,\ 3)=6 \leqq 3+3=r(3,\ 2)+r(2,\ 3)$$

이므로 정리의 부등식이 성립한다.

이제 $p+q<n$일 때 부등식이 성립한다고 가정하자. 그리고 $p+q=n$ 일 때 증명하면 된다. $r(p,\ q-1)+r(p-1,\ q)=N$이고 K_N의 모든 간선이 실선이나 점선으로 되어 있다. K_N의 임의의 한 점 v를 고르면 v는 다른 점들과 적어도 $r(p,\ q-1)+r(p-1,\ q)-1$개의 간선으로 연결된다. 그러면 그 중에 적어도 $r(p,\ q-1)$개가 점선이거나 혹은 $r(p-1,\ q)$개가 실선이다. 만약 그렇지 않다면 기껏해야$r(p,\ q-1)-1$개가 점선이고 또 기껏해야 $r(p-1,\ q)-1$개가 실선이다. 그러나 이는 기껏해야 $r(p,\ q-1)+r(p-1,\ q)-2$개의 간선을 이루고 적어도 한 개가 부족하므로 모순이다.

그러므로 $r(p-1,\ q)$개가 실선이라고 가정하자. 처음에 선택한 v와 이 $r(p-1,\ q)$개의 실선들은 실선 K_{p-1}이나 점선 K_q를 포함한다. 만약 실선 K_{p-1}을 포함하면 v와 함께 실선 K_p를 포함한다. 이 논리는 $r(p,\ q-1)$개가 점선일 때에도 마찬가지다. 따라서 K_N은 실선 K_p를 포함하거나 혹은 점선 K_q를 포함한다. 즉

$$r(p,\ q) \leqq r(p,\ q-1)+r(p-1,\ q)$$

■

연습문제

1. 10명 이상이 같은 띠이기 위해 적어도 몇 명이 필요한가? 그 최소의 숫자를 구하시오.

2. 몇 개의 정수가 있으면 그 중에 두 수의 합이나 차가 100으로 나누어 떨어지는 두 수가 존재하겠는가? 그 최소의 정수의 개수를 구하시오.

3. 1에서 100까지의 자연수중 적어도 몇 개를 뽑아야 그 중에 반드시 두 수의 차가 50인 것이 있겠는가? 그 최소의 수의 개수를 구하시오.

4. k자릿수 $55\cdots5\,(1 \leqq k \leqq 1985)$ 모양의 정수 중 적어도 하나는 1985의 배수임을 증명하시오.

5. 좌표평면 위에 적어도 몇 개의 격자점(x, y좌표가 모두 정수인 점)이 있으면 그 중 어느 두 점을 잇는 선분의 중점이 격자점이 되겠는가? 그 최소의 격자점의 개수를 구하시오.

6. m개의 정수 $a_1, a_2, \cdots, a_m$은 $1 \leqq a_i \leqq m\,(i=1, 2, \cdots, m,\ m$은 짝수$)$ 이고 $a_1 + a_2 + \cdots + a_m = 2m$ 이다. 이 m개의 수를 두 개의 조로 나눌 때, 각각의 합이 m이 될 수 있음을 증명하시오.

7. 변의 길이가 2, 3인 직사각형 내부에 적어도 몇 개의 점을 찍어야 (어느 세 점도 한 직선 위에 없다.) 만들어진 삼각형 중에 면적이 $\frac{1}{2}$ 이하인 삼각형이 적어도 하나 존재하나? 그 최소의 점의 개수를 구하시오.

8. 단위 정사각형에 적어도 몇 개의 점을 찍어야 반지름 $\frac{1}{7}$ 인 원 내부에 있는 세 점이 반드시 존재하나? 그 최소의 점의 개수를 구하시오.

9. 한 변의 길이가 1인 정삼각형 내부에 몇 개의 점을 찍으면 두 점 사이의 거리가 $\frac{1}{n}$ 이하가 되는 것이 반드시 존재하는가? 그 최소의 점의 개수를 구하시오.

10. 한 변의 길이가 1인 정사각형 내부에 몇 개의 점을 찍으면 (어느 세 점도 한 직선 위에 없다.) 삼각형의 면적이 $\frac{1}{8}$ 을 넘지 않는 세 점이 반드시 존재하나? 그 최소의 점의 개수를 구하시오.

11. 단위원 내부에 적어도 몇 개의 점을 찍으면 거리가 1이하인 두 점이 반드시 존재하는가? 그 최소의 점의 개수를 구하시오.

12. 정수 1, 2, 3, $\cdots$, $2n$ 에서 $n+1$ 개의 수를 뽑을 때 그 안에 서로 소인 두 개의 수가 존재함을 증명하시오.

13. $n+1$개의 서로 다른 자연수가 모두 $2n$보다 작으면 이들 중에서 3개를 뽑아 두 수의 합이 다른 한 수와 같게 할 수 있음을 증명하시오.

14. 수학자 17이 모두 다른 16명의 수학자와 이메일로 통신을 한다. 그들이 검토할 문제는 3개. 어느 두 명도 한 문제만 검토할 수 있다. 적어도 세 명의 수학자가 서로 같은 문제를 검토하고 있음을 증명하시오.

15. 삼각형 ABC 내에 임의의 한 점 P를 잡고 AP, BP, CP의 연장선이 변 BC, CA, AB와 만나는 점을 각각 D, E, F라 할 때, $\frac{AP}{PD}$, $\frac{BP}{PE}$, $\frac{CP}{PF}$중 적어도 하나는 2보다 작지 않고 적어도 하나는 2보다 크지 않음을 증명하시오.

16. n이 자연수일 때 $n+1$개의 임의의 정수 중에는 그 차가 n의 배수인 정수가 적어도 2개 있음을 증명하시오.

17. 임의의 11개의 정수 중에는 합이 6으로 나누어 떨어지는 6개의 수가 있음을 증명하시오.

18. 평면 위에 있는 임의의 볼록오각형에는 $\angle ABC \leqq 36°$가 되는 세 개의 꼭짓점 A, B, C가 반드시 존재함을 증명하시오.

19. 집합 $\{1, 2, \cdots, 3n\}$ $(n>1)$에서 $n+2$개를 뽑을 때 그 차가 n보다 크고 $2n$보다 작은 수가 적어도 두 개 존재함을 증명하시오.

20. 자연수 1, 2, $\cdots$, 50을 임의로 원주 위에 배열할 때, 적어도 하나의 이웃한 다섯 숫자는 합이 127을 넘는데 이를 증명하시오.

21. 단위원의 내부 또는 둘레 위에 적어도 몇 개의 점을 찍으면 항상 거리가 $\sqrt{2}$ 이하인 두 점이 존재하겠는가? 그 최소의 점의 개수를 구하시오.

22. 임의의 자연수 n에 대해, 그 자리수가 0과 1뿐인 n의 양의 배수가 반드시 존재함을 증명하시오.

23. 사람들의 집합에서 친구의 수가 같은 두 사람이 반드시 존재함을 증명하시오.

24. 임의의 서로 다른 세 정수 중에 항상 적어도 두 정수(예를 들어 a, b)가 존재해서 a^3b-ab^3이 10의 배수가 됨을 증명하시오.

25. 집합 $\{1,\ 2,\ \cdots,\ 9\}$을 둘로 나눌 때 적어도 하나에는 등차수열을 이루는 세 개의 수가 존재함을 증명하시오. 그리고 집합이 $\{1,\ 2,\ \cdots,\ 8\}$일 때 결론이 성립하지 않는 예를 들으시오.

26. 평면 위의 세 점 $(x_1,\ y_1)$, $(x_2,\ y_2)$, $(x_3,\ y_3)$의 무게중심(centroid)은 $\left(\frac{x_1+x_2+x_3}{3},\ \frac{y_1+y_2+y_3}{3}\right)$이다. n개의 격자점이 평면에 있다. 그 중 어느 세 점의 무게중심이 다시 격자점이기 위한 n의 최솟값은?

27. 집합 $\{1, 2, 3, 4, 5, 6, 7, 8, 9\}$에서 몇 개의 숫자를 뽑아야 합이 10이 되는 정수 쌍이 적어도 하나 존재하는가? 그 최소의 개수를 구하시오.

28. 어느 공항에서 하루에 비행기가 1500대 이륙한다면 1분 이내에 이륙하는 비행기가 2대 존재함을 보이시오.

29. 자연수 $p, q \geqq 3$ 이고 $r(p, q-1)$과 $r(p-1, q)$가 둘 다 짝수일 때, 다음 부등식이 성립함을 보이시오.
$r(p, q) \leqq r(p, q-1) + r(p-1, q) - 1$

30. 자연수 $p, q \geqq 2$ 일 때, 다음 부등식이 성립함을 보이시오.
$r(p, q) \leqq \binom{p+q-2}{p-1}$

31. $r(3, 4) = 9$를 보이시오.

32. $r(3, 5) = 14$를 보이시오.

Chapter 4

포함배제의 원리(Inclusion-Exclusion Principle)

이 장에서는 벤다이어그램을 이용한 간단한 계산을 먼저 살펴보고 중요한 조합수학 원리 중 하나인 포함배제의 원리를 증명하고 그 적용 예들을 살펴본다. 그리고 대표적인 응용문제로서 바뀜수(derangement number)를 비롯한 여러 문제를 알아보고 마지막으로 일반화된 포함배제의 원리를 증명하고 그 적용 예들을 살펴본다.

4.1 포함배제의 원리

이 절에서 우리는 전체집합에 주어진 몇 가지 다른 성질 중 어느 하나를 만족하는 원소들의 개수를 구하거나 혹은 전혀 하나의 성질도 만족하지 않는 원소의 개수를 구하는 문제를 다루어 보고자 한다.

예를 들어, 1부터 1000까지의 자연수 중에서 2로도 3으로도 나누어지지 않는 수의 개수를 구하는 경우를 생각해 보자. 문제를 푸는 과정에서 우리는 두 가지 성질, 즉 2로 나누어지는 성질과 3으로 나누어지는 성질을 만족하는 부분집합들을 생각해야 한다. 여기선 두 부분집합의 합집합의 여집합에 있는 원소의 개수를 구하면 된다.

먼저, 두 집합 A, B에 대하여

$$|A \cup B| = |A| + |B| - |A \cap B| (1)$$

이고, 전체집합 U의 부분집합 A, B에 대하여

$$|A^c \cap B^c| = |U| - |A| - |B| + |A \cap B| (2)$$

이다.

예제 4.1

만약 어느 학교에서 100명의 학생 중 50명은 프랑스어를, 40명은 라틴어를 하고 20명은 두 언어를 모두 말한다고 하자. 그러면 어느 언어도 말하지 못하는 학생은 몇 명인가?

[풀이] 이 문제에서 $|U| = 100$, $|F| = 50$, $|L| = 40$, 그리고 $|F \cap L| = 20$이다. 이제 $|F^c \cap L^c|$을 구하자. 식 (2)에 의해서

$$|F^c \cap L^c| = 100 - 50 - 40 + 20 = 30$$

■

예제 4.2

1, 2, 3, 4, 5, 6을 순서 있게 배열할 때, 첫 번째 자리수가 2보다 크고, 마지막 자리수가 5보다 작은 경우는 몇 가지인가?

[풀이] 자리수 1, 2, 3, 4, 5, 6의 모든 배열, 즉 전체집합을 U라 하자. 첫 번째 자리수가 1 또는 2인 모든 배열을 A라 하고, 마지막 자리수가 5 또는 6인 모든 배열을 B라 하자. 그러면 첫 번째 자리수가 2보다 크고 마지막 자리수가 5보다 작은 배열의 개수는 $|A^c \cap B^c|$이다.

$$|U| = 6!,\ |A| = 2 \cdot 5!,\ |B| = 2 \cdot 5!,\ |A \cap B| = 4 \cdot 4!$$

이므로, 식 (2)에 의해

$$|A^c \cap B^c| = 6! - 2 \cdot 5! - 2 \cdot 5! + 4 \cdot 4! = 336$$

이다.

■

이제 세 개의 집합으로 이루어진 문제를 생각해 보자. 세 집합 A, B, C에 대하여 $A\cup B\cup C$의 크기를 구하기 위하여, 먼저 A의 원소, B의 원소, C의 원소의 개수를 더하면 여기에는 $A\cap B$, $B\cap C$, $A\cap C$의 원소의 개수는 두 번 구한 것이 되므로 이들 각각의 크기를 한 번씩 뺀다. 그 결과에는 $A\cap B\cap C$의 원소의 개수는 앞의 과정에서 세 번 구하고 세 번 뺀 것이 되므로 이를 한 번 더해줌으로써 $A\cup B\cup C$의 크기를 구할 수 있다.

세 집합 A, B, C에 대하여

$$|A\cup B\cup C| = |A|+|B|+|C|-|A\cap B|-|B\cap C|-|A\cap C|+|A\cap B\cap C| \tag{3}$$

전체집합 U의 세 부분집합 A, B, C에 대하여

$$\begin{aligned}|A^c\cap B^c\cap C^c| &= |U|-|A\cup B\cup C|\\ &= |U|-|A|-|B|-|C|+|A\cap B|+|B\cap C|+|A\cap C|-|A\cap B\cap C|\end{aligned} \tag{4}$$

일반적인 집합 A_1, A_2, A_3에 대하여 식 (4)를 다시 쓸 수 있다.

$$|A_1^c\cap A_2^c\cap A_3^c| = |U|-\sum_i|A_i|+\sum_{i,j}|A_i\cap A_j|-|A_1\cap A_2\cap A_3| \tag{5}$$

예제 4.3

만약 학교에 100명의 학생이 있는데, 프랑스어를 말하는 학생 40명, 라틴어를 말하는 학생 40명, 그리고 독일어를 말하는 학생 40명이 있다. 만약 세 언어 중 두 개의 언어를 말하는 학생이 각각 20명이고 10명의 학생이 세 개의 언어를 모두 말한다. 그러면 한 개의 언어도 말할 수 없는 학생은 몇 명인가?

[풀이] 여기서

$$|U|=100,\ |F|=|L|=|G|=40,$$
$$|F\cap L|=|L\cap G|=|F\cap G|=20,$$
$$|F\cap L\cap G|=10$$

이다.

그러면 식 (4)에 의해서 한 개의 언어도 말할 수 없는 학생의 수는

$$|F^c\cap L^c\cap G^c| = 100-(40+40+40)+(20+20+20)-10=30$$ ■

예제 4.4

70이하의 자연수로서 70과 서로 소인 수의 개수를 구하라.

[풀이] U를 1부터 70까지의 자연수의 집합이라 하자. 70의 소인수는 2, 5, 7이다. 그러므로 70과 서로 소인 자연수는 2,5 또는 7을 소인수로 가지지 않아야 한다. 70이하의 자연수 중 2의 배수, 5의 배수, 7의 배수의 집합을 각각 A_2, A_5, A_7이라고 하면 70이하의 자연수로서 70과 서로 소인 수의 집합은 $A_2^c \cap A_5^c \cap A_7^c$이다. 정확하게 $|U| = 70$이다. 그리고

$$|A_2| = \frac{70}{2} = 35,\ |A_5| = \frac{70}{5} = 14,\ |A_3| = \frac{70}{7} = 10$$

2의 배수이며 5의 배수인 자연수는 단지 10의 배수인 자연수이다. 따라서

$$|A_2 \cap A_5| = \frac{70}{10} = 7$$

마찬가지 방법으로

$$|A_2 \cap A_7| = \frac{70}{14} = 5,\ |A_5 \cap A_7| = \frac{70}{35} = 2,$$

$$|A_2 \cap A_5 \cap A_7| = \frac{70}{70} = 1$$

식 (5)에 의해서

$$|A_2^c \cap A_5^c \cap A_7^c| = 70 - (35 + 14 + 10) + (7 + 2 + 5) - 1 = 24$$ ■

예제 4.5

1, 2, 3에서 중복을 허락하여 6개를 뽑아 나열하는데 적어도 1, 2, 3을 하나씩 포함하는 방법의 수는?

[풀이] 1, 2, 3에서 중복을 허락하여 6개를 뽑아 나열한 6자리의 수의 집합을 U라 하자. 그리고 $i = 1, 2, 3$에 대하여 U의 원소 중 i를 포함하지 않는 6자리의 수의 집합을 A_i라 하자. 그러면 구하는 방법의 수는 $A_1^c \cap A_2^c \cap A_3^c$이다.

그런데 $|U| = 3^6$,

$$|A_1| = |A_2| = |A_3| = 2^6,$$

$$|A_1 \cap A_2| = |A_1 \cap A_3| = |A_2 \cap A_3| = 1,$$

$$|A_1 \cap A_2 \cap A_3| = 0$$

이므로 식 (5)에 의해서

$$|A_1^c \cap A_2^c \cap A_3^c| = 3^6 - 3 \times 2^6 + 3 \times 1 - 0 = 540$$ ■

이제 n개의 집합 $A_1, A_2, \cdots, A_n$에 대해서 앞의 공식을 일반화시키자. 집합 $A_1, A_2, \cdots, A_n$의 어느 것에도 포함되지 않는 원소의 개수는

$$|A_1^c \cap A_2^c \cap \cdots \cap A_n^c|$$

으로 쓰여진다.

다음은 포함배제의 원리로 잘 알려진 공식이다. 그 이름은 여러 집합들의 교집합을 연속적으로 포함하고(더하고) 연속적으로 배제하는(빼는) 데서 유래한다.

정리 4.1 포함배제의 원리

전체집합 U에 있는 부분집합 $A_1, A_2, \cdots, A_n$ 이 있다. S_k는 모든 k개의 A_i의 교집합들의 크기의 합이라 하자. 그러면

$$|A_1^c \cap A_2^c \cap \cdots \cap A_n^c| = |U| - S_1 + S_2 - S_3 + \cdots + (-1)^n S_n \quad (6)$$

[증명] 각각의 S_k를 살펴보면,

$$S_1 = \sum_{i=1}^{n} |A_i|,$$

$$S_2 = \sum_{1 \leq i < j \leq n} |A_i \cap A_j|,$$

$$\vdots$$

$$S_k = \sum_{1 \leq i_1 < i_2 < \cdots < i_k \leq n} |A_{i_1} \cap A_{i_2} \cap \cdots \cap A_{i_k}|,$$

$$\vdots$$

$$S_n = |A_1 \cap A_2 \cap \cdots \cap A_n|$$

이다.

증명을 위해, 전체집합 U에 속해 있는 임의의 원소에 대해 양변에 공헌하는 값

이 같다는 것을 보인다. (여기서 "공헌한다"라는 말은 몇 번 그 원소가 세어지는가를 의미한다.)

$x \in U$ 에 대해, x가 A_i들 중에 정확히 m번 속한다고 하자.

$$(m=0,\ 1,\ 2,\ \cdots,\ n)$$

좌변:

$m=0$일 때, 1공헌.

$m=1,\ 2,\ \cdots,\ n$일 때, 0공헌.

우변:

x가 일반성을 잃지 않고 $A_1,\ A_2,\ \cdots,\ A_m$에 속한다고 가정하면 $|U|$를 셀 때는 정확히 한 번 세어지고,

S_1에서는 $|A_1|,\ |A_2|,\ \cdots,\ |A_m|$ 에서 m번,

S_2에서는 $|A_1 \cap A_2|,\ \cdots,\ |A_{m-1} \cap A_m|$에서 $\binom{m}{2}$번, $\cdots$

즉, x는 각각의 S_k를 셀 때 $\binom{m}{k}$번 공헌한다. 따라서 x는 우변에서

$$1-\binom{m}{1}+\binom{m}{2}-\binom{m}{3}+\ \cdots\ +(-1)^m\binom{m}{m}$$

번 공헌한다. 그러나 이항계수의 교차하는 합은 그 이항전개식으로부터 값을 구할 수 있다. 그런데 이 값은 $m=0$이면 1, 그 밖의 경우는 0이다. 따라서 이 정리는 증명되었다. ■

보조 정리 4.2

집합 $A_1,\ A_2,\ \cdots,\ A_n$에 대하여

$$|A_1 \cup A_2 \cup\ \cdots\ \cup A_n| = S_1 - S_2 + S_3 -\ \cdots\ + (-1)^{n-1}S_n \qquad (7)$$

[증명] 식 (7)은

$$|A_1^c \cap A_2^c \cap\ \cdots\ \cap A_n^c| = |U| - (S_1 - S_2 + S_3 +\ \cdots\ + (-1)^{n-1}S_n)$$

로 다시 쓰여진다. 그런데

$$|A_1^c \cap A_2^c \cap \cdots \cap A_n^c| = |U| - |A_1 \cup A_2 \cup \cdots \cup A_n|$$

이므로, 보조정리의 결과가 얻어진다. ■

앞에서 증명한 포함배제의 원리를 이용한 예제를 하기에 앞서, 이를 적용하는 것에 관하여 중요한 논리적인 점을 강조하려한다. 계산하는 문제에서 이 법칙을 사용하려면, 전체집합 U를 선택해야만 하고 전체집합에서 집합A_i들을 선택해야만 한다. 그런데 주어진 문제의 성질을 만족하지 않는 집합A_i들을 선택해야만 한다.

예제 4.6

서로 다른 4개의 물건을 적어도 한 상자가 빈 서로 다른 4개의 상자에 분배하는 방법의 수는?

[풀이] 서로 다른 4개의 물건을 4개의 상자에 분배하는 모든 경우의 집합을 U라 하고U에서 상자 i가 비어 있는 경우의 집합을 A_i라 하자. 그러면, 적어도 한 상자가 빈 경우의 수는 $|A_1 \cup A_2 \cup A_3 \cup A_4|$이다. 그런데

$$|A_i| = 3^4 (i = 1, 2, 3, 4)$$

$$|A_i \cap A_j| = 2^4 (1 \leq i < j \leq 4)$$

$$|A_i \cap A_j \cap A_k| = 1 (1 \leq i < j < k \leq 4)$$

이므로 식 (7)에 의해서

$$|A_1 \cup A_2 \cup A_3 \cup A_4| = S_1 - S_2 + S_3 - S_4$$

$$= 4 \times 3^4 - 6 \times 2^4 + 4 \times 1 = 324 - 96 + 4 = 232$$ ■

예제 4.7

방정식

$$x_1 + x_2 + x_3 + x_4 = 15, \quad 0 \leq x_i \leq 6, (i = 1, 2, 3, 4)$$

의 서로 다른 정수해는 몇 개인가?

[풀이] 전체집합 U는 $x_i \geq 0$인 모든 정수의 해집합이다. 그리고 $x_i > 6$이거나 이와 동등하게 $x_i \geq 7$인 U의 원소들의 집합을 A_i라 하자.$(i = 1, 2, 3, 4)$ 그러면 구하는

답은 $|A_1^c \cap A_2^c \cap A_3^c \cap A_4^c|$이다.

$$|U| = \binom{4+15-1}{15} = \binom{18}{3} = 816$$

$$|A_i| = \binom{4+8-1}{8} = \binom{11}{3} = 165 \quad (i = 1,\ 2,\ 3,\ 4)$$

$$|A_i \cap A_j| = \binom{4+1-1}{1} = \binom{4}{1} = 4 \quad (1 \leqq i < j \leqq 4)$$

$$|A_i \cap A_j \cap A_k| = 0 \quad (1 \leqq i < j < k \leqq 4)$$

이므로 식 (6)에 의해서

$$|A_1^c \cap A_2^c \cap A_3^c \cap A_4^c| = 816 - 4 \times 165 + 6 \times 4 = 180$$ ■

다음 예제의 풀이는 정수론에서 중요한 위치를 차지하는 오일러 ϕ함수 (Euler ϕ −function)에 대한 공식을 포함배제의 원리를 이용하여 구하는 방법을 소개한다.

예제 4.8

오일러 ϕ함수는 모든 자연수 n에 대하여

$$\phi(n) = |\{k \in \mathbb{Z} : 1 \leqq k \leqq n \ \gcd(n,\ k) = 1\}|$$

로 정의한다. 정수 $n \geqq 2$의 표준분해가 $n = p_1^{e_1} p_2^{e_2} \cdots\ p_k^{e_k}$일 때

$$\phi(n) = \prod_{i=1}^{k} (p_i^{e_i} - p_i^{e_i - 1}) = n \prod_{i=1}^{k} \left(1 - \frac{1}{p_i}\right)$$

임을 증명하라.

[증명] 전체 집합 U는 1부터 n까지의 모든 자연수의 집합이다. A_i를 U의 부분집합으로서 소인수 p_i의 배수들의 집합이라 하자. 즉

$$A_i = \{x \in \mathbb{Z} : 1 \leqq x \leqq n,\ p_i | x\},\ (i = 1,\ 2,\ \cdots,\ k)$$

그러면 $|A_i| = \dfrac{n}{p_i}$이다. 그리고 $A_i \cap A_j$는 p_i와 p_j의 배수이므로

$$|A_i \cap A_j| = \frac{n}{p_i p_j}$$

이고, 일반적으로

$$|A_{i_1} \cap A_{i_2} \cap \cdots \cap A_{i_k}| = \frac{n}{p_{i_1} p_{i_2} \cdots p_{i_k}}$$

이다.

j번째 S_j는 $\binom{n}{j}$개의 $|A_{i_1} \cap A_{i_2} \cap \cdots \cap A_{i_j}|$의 합이므로식 (6)에 의해서 구하는 답은

$$\begin{aligned}
\phi(n) &= |A_1^c \cap A_2^c \cap \cdots \cap A_k^c| \\
&= |U| - S_1 + S_2 + \cdots + (-1)^k S_k \\
&= n - \left(\frac{n}{p_1} + \cdots + \frac{n}{p_k}\right) + \left(\frac{n}{p_1 p_2} + \frac{n}{p_1 p_3} + \cdots + \frac{n}{p_{k-1} p_k}\right) - \cdots \\
&\quad + (-1)^k \frac{n}{p_1 p_2 \cdots p_k} \\
&= n\left(1 - \frac{1}{p_1}\right) \cdots \left(1 - \frac{1}{p_k}\right) \\
&= n \prod_{i=1}^{k} \left(1 - \frac{1}{p_i}\right)
\end{aligned}$$

■

예제 4.9

다음 지도에서 4나라 a, b, c, d를 5개 이하의 색으로 색칠을 하는데 이웃한 두 나라를 다른 색으로 칠하는 방법은 몇 가지인가?

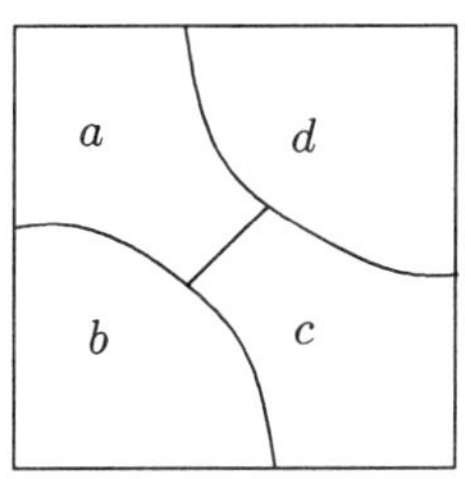

[풀이] 위의 지도에서 4나라 a, b, c, d를 그래프의 꼭지점으로 표시하고 두 나라가 이웃하면 그 두 꼭지점을 변으로 연결한다. 그래프에서 변들의 이름을 e_1, e_2, e_3, e_4, e_5라 하자. 이제 다음 그래프의 4개의 꼭지점에 5개 이하의 색으로 색칠을 하는데 이웃한 두 꼭지점을 다른 색으로 칠하는 방법의 수를 구하면 된다.

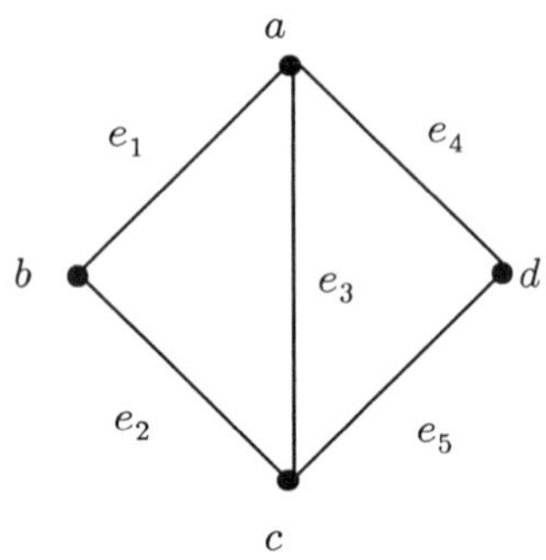

4개의 꼭지점들에 색을 칠하는 모든 방법의 집합을 U라 하면 $|U| = 5^4$이다. 각 변 e_i에 대하여, 집합 A_i를 e_i의 양 끝에 있는 꼭지점이 같은 색을 갖는 U의 부분집합이라고 정의하자. 그러면 $|A_i| = 5^3$이고 $S_1 = \binom{5}{1}5^3 = 5^4$이다.

같은 방법으로 $|A_i \cap A_j| = 5^2$이고 $S_2 = \binom{5}{2}5^2 = 10 \cdot 5^2 = 250$이다.

이제 $A_i \cap A_j \cap A_k$의 경우는 약간의 주의를 요한다. 특히, 변 e_1, e_2, e_3는 4개가 아닌 3개의 꼭지점들을 서로 연결시키므로 $|A_1 \cap A_2 \cap A_3| = 5^2$이다. 같은 방법으로 $|A_3 \cap A_4 \cap A_5| = 5^2$이다. 세 변들의 임의의 다른 집합은 모두 4개의 꼭지점을 서로 연결시키므로 $|A_i \cap A_j \cap A_k| = 5$이다. 따라서

$$S_3 = 2 \cdot 5^2 + \left[\binom{5}{3} - 2\right] \cdot 5 = 90$$

이제 4개 또는 5개의 변들은 모두 4개의 꼭지점들을 서로 연결시키므로

$$S_4 = \binom{5}{4} \cdot 5 = 25, \quad S_5 = 5$$

이다. 식 (6)에 의해서 구하는 답은

$$|A_1^c \cap \cdots \cap A_5^c| = 5^4 - 5^4 + 250 - 90 + 25 - 5 = 180$$ ■

예제 4.10

양의 정수 n, k에 대하여 집합 $\{1, 2, \dots, n\}$에서 집합 $\{1, 2, \dots, k\}$로 가는 전사함수의 개수를 구하여라.

[증명] $\{1, 2, \dots, n\}$에서 $\{1, 2, \dots, k\}$로 가는 함수 전체의 집합을 U라고 하면 $|U| = k^n$이다. $i = 1, 2, \dots, k$에 대하여, 치역이 i를 포함하지 않는 U의 부분집

합을 A_i라 하자. 그러면 $|A_i| = (k-1)^n$이고 $|A_{i_1} \cap A_{i_2} \cap \cdots A_{i_j}| = (k-j)^n$

따라서 식 (6)에 의해서 구하는 답은

$$|A_1^c \cap A_2^c \cap \cdots \cap A_n^c| = \sum_{i=0}^{k}(-1)^i\binom{k}{i}(k-i)^n$$ ■

참고로, 집합 $\{1, 2, ..., n\}$에서 집합 $\{1, 2, ..., k\}$로 가는 함수 중 전사함수가 아닌 것의 개수는 다음과 같다.

$$|A_1 \cup A_2 \cup \cdots \cup A_n| = \sum_{i=1}^{k}(-1)^{i-1}\binom{k}{i}(k-i)^n$$

양의 정수 n, m에 대하여 전사함수 $f: \mathrm{N}_n \to \mathrm{N}_m$의 개수를 $F(n, m)$이라 할 때 (단, $\mathrm{N}_n = \{1, 2, ..., n\}$)

$$F(n, m) = \sum_{k=0}^{m}(-1)^k\binom{m}{k}(m-k)^n$$

참고로, $F(n, m)$은 n개의 서로 다른 물건을 m개의 서로 다른 상자에 넣는데 빈 상자가 없도록 넣는 방법의 수이고 $S(n, m)$은 n개의 서로 다른 물건을 m개의 동일한 상자에 넣는데 빈 상자가 없도록 넣는 방법의 수이다.

그런데 $F(n, m) = m!S(n, m)$이므로

$$S(n, m) = \frac{1}{m!}\sum_{k=0}^{m}(-1)^k\binom{m}{k}(m-k)^n$$

한편 $S(n, m) = 0 \ (n < m)$, $S(n, n) = 1$이므로

$$\sum_{k=0}^{m}(-1)^k\binom{m}{k}(m-k)^n = 0 \quad (n < m)$$

$$\sum_{k=0}^{n}(-1)^k\binom{n}{k}(n-k)^n = n!$$

이를 오일러 공식이라 부른다.

4.2 포함배제 원리의 응용

다음과 같은 문제를 생각해 보자.

『n명의 사람이 모두 모자를 쓰고 있었는데, 이것을 모두 벽에 걸어 두었다가 그냥 무심코 다시 집어서 썼을 경우, 아무도 자기 모자를 안 쓰고 있을 경우의 수는 얼마인가?』

수학 용어로 바꾸어 보자. $\{1, 2, \cdots, n\}$의 바뀜(derangement)이란 $\{1, 2, \cdots, n\}$의 순열 $i_1 i_2 \cdots i_n$으로서 $i_1 \neq 1$, $i_2 \neq 2$, $\cdots$, $i_n \neq n$을 만족하는 것이다. D_n을 $\{1, 2, \cdots, n\}$의 바뀜의 개수로 표시하면, 위 문제는 D_n을 구하는 것이다. n이 작은 경우를 먼저 생각해 보자.

$D_1 = 0$,

$D_2 = 1$ (바뀜은 21),

$D_3 = 2$ (바뀜은 231, 312),

$D_4 = 9$ (바뀜은 2143, 2341, 2413, 3142, 3412, 3421, 4123, 4312, 4321).

그러나 n이 커지면, 포함배제의 원리를 이용해서 구할 수 있다. 이 원리는 약 100년 전 J. Sylvester가 구한 것이다.

이제 이 원리를 이용해서 앞에서 주어진 문제를 풀어보자. A_i를 i번째 사람이 자기 모자를 제대로 쓴 경우라 하자. 그러면 우리는 아무도 자기 모자를 안 쓴 경우를 찾고 있으므로 $|A_1^c \cap A_2^c \cap \cdots \cap A_n^c|$이 구하는 답이다. $|\mathrm{A}_{\mathrm{i}_1} \cap \mathrm{A}_{\mathrm{i}_2} \cap \cdots \cap \mathrm{A}_{\mathrm{i}_k}|$는 i_1, i_2, $\cdots$, i_k번째 사람이 자기 모자를 쓰고 나머지는 자유인 경우의 수이므로 $(n-k)!$이고,

$$S_k = \sum_{1 \leq i_1 < i_2 < \cdots < i_k \leq n} (n-k)! = \binom{n}{k}(n-k)! = \frac{n!}{k!}$$

이다. 우리가 구하고자 하는 수는

$$D_n = \sum_{k=0}^{n} (-1)^k S_k$$

$$= \sum_{k=0}^{n} (-1)^n \frac{n!}{k!} = n!\left(1 - \frac{1}{1!} + \cdots + (-1)^n \frac{1}{n!}\right)$$

이다. 여기서 $S_0 = |U|$

정리 4.3

$$D_n = n!\left(1 - \frac{1}{1!} + \frac{1}{2!} - \frac{1}{3!} + \cdots + (-1)^n \frac{1}{n!}\right)$$

[증명] 이제 이 공식을 포함배제의 원리를 이용하지 않고 생성함수를 이용하여 증명해 보자. 먼저,

$$n! = \sum_{k=0}^{n} \binom{n}{k} D_{n-k} \quad (\text{단, } D_0 = 1)$$

을 보이자.

이는 조합수학적인 증명방법으로 증명할 수 있다. $\{1,\ 2,\ \cdots,\ n\}$의 모든 순열을 생각할 때, 전체 경우의 수는 $n!$로서 좌변이다. 또한 전체의 바꿈수는 $D_n = \binom{n}{0} D_n$이고, 하나만 고정된 후 나머지의 바꿈수는 $\binom{n}{1} D_{n-1}$, 두 개만 고정된 후 나머지의 바꿈수는 $\binom{n}{2} D_{n-2}$, $\cdots$, 모두 고정된 순열은 1개 뿐이므로 $\binom{n}{n} D_0$이다. 이를 전부 더하면 우변이 된다.

바꿈수 D_n의 지수생성함수를 $D(x) = \sum_{n=0}^{\infty} D_n \frac{x^n}{n!}$라 놓자. 그리고

$F(x) = e^x D(x)$로 놓자. 그러면

$$F(x) = \left(\sum_{n=0}^{\infty} \frac{x^n}{n!}\right)\left(\sum_{n=0}^{\infty} D_n \frac{x^n}{n!}\right)$$

$$= \sum_{n=0}^{\infty} \left(\sum_{k=0}^{n} \frac{1}{k!} \frac{D_{n-k}}{(n-k)!}\right) x^n$$

$$= \sum_{n=0}^{\infty}\left(\sum_{k=0}^{n}\binom{n}{k}D_{n-k}\right)\frac{x^n}{n!}$$

$$= \sum_{n=0}^{\infty} x^n$$

$$= \frac{1}{1-x}$$

따라서

$$D(x) = e^{-x}\frac{1}{1-x}$$

$$= \left(\sum_{n=0}^{\infty}\frac{(-1)^n}{n!}x^n\right)\left(\sum_{n=0}^{\infty}x^n\right)$$

$$= \sum_{n=0}^{\infty}\left(\sum_{k=0}^{n}\frac{(-1)^k}{k!}\cdot 1\right)x^n$$

이므로

$$D_n = n!\sum_{k=0}^{n}\frac{(-1)^k}{k!}$$

물론 미적분학에서 테일러급수를 이용하면

$$\frac{1}{e} = \sum_{k=0}^{\infty}\frac{(-1)^k}{k!}$$

을 알 수 있다. 그러므로 $\{1, 2, \cdots, n\}$의 모든 순열 중에서 바뀜일 확률은 n이 무한대로 갈 때 e^{-1}로 접근한다. 즉,

$$\lim_{n\to\infty}\frac{D_n}{n!} = \frac{1}{e}$$

바뀜수 D_n을 구하기 위해 정리 4.3을 계속 이용하는 것은 매우 불편하다. 이제 점화식을 이용한 방법을 소개하겠다. ■

정리 4.4

$$D_n = (n-1)(D_{n-2} + D_{n-1}), \quad (n = 3, 4, 5, \cdots)$$

$$D_n = nD_{n-1} + (-1)^n, \quad (n = 2, 3, 4, \cdots)$$

[증명] 물론 바뀜수 D_n의 공식을 대입하면 위의 점화식이 성립함을 알 수 있다. 여기서는 조합수학적인 방법으로 증명해 보겠다.

$\{1, 2, \cdots, n\}$의 바뀜 중에서 첫 번째 자리에 2가 오는 경우의 수를 d_n이라 하자. 바뀜 중에서 첫 번째 자리에 2, 3, 4, $\cdots$, n이 올 수 있고 모두 같은 경우의 수이므로 $D_n = (n-1)d_n$이다.

$\{1, 2, \cdots, n\}$의 바뀜 중에서 첫 번째 자리에 2가 오고 두 번째 자리에 1이 오는 경우의 수를 d_n'이라 하자. $\{1, 2, \cdots, n\}$의 바뀜 중에서 첫 번째 자리에 2가 오고 두 번째 자리에 1이 오지 않는 경우의 수를 d_n''이라 하자. 그러면

$$d_n = d_n' + d_n'' = D_{n-2} + D_{n-1}$$

을 얻는다. 따라서

$$D_n = (n-1)d_n = (n-1)(D_{n-2} + D_{n-1})$$

이다.

두 번째 공식을 얻기 위해 첫 번째 공식을 이용하면,

$$\begin{aligned} D_n - nD_{n-1} &= -[D_{n-1} - (n-1)D_{n-2}] \\ &= (-1)^2[D_{n-2} - (n-2)D_{n-3}] \\ &\cdots\cdots \\ &= (-1)^{n-2}[D_2 - 2D_1] \\ &= (-1)^{n-2} \end{aligned}$$

따라서

$$D_n = nD_{n-1} + (-1)^n$$ ■

이제 역으로 점화식 $D_1 = 0$, $D_n = nD_{n-1} + (-1)^n$, $(n = 2, 3, 4, \cdots)$을 이용하여 바뀜수 D_n의 공식을 수학적 귀납법으로 증명해 보자.

먼저 $D_1 = 0$으로 일치한다. $n \geq 2$에 대하여, n일 때 성립한다고 가정하고 $n+1$일 때 증명하자.

가정에 의해

$$\begin{aligned} D_{n+1} &= (n+1)D_n + (-1)^{n+1} \\ &= (n+1)n!\left(1 - \frac{1}{1!} + \frac{1}{2!} - \frac{1}{3!} + \cdots + (-1)^n \frac{1}{n!}\right) + (-1)^{n+1} \end{aligned}$$

$$= (n+1)!\left(1 - \frac{1}{1!} + \frac{1}{2!} - \frac{1}{3!} + \cdots + (-1)^{n+1}\frac{1}{(n+1)!}\right)$$

이제 바뀜수 D_n이 짝수일 필요충분조건이 n이 홀수임을 보이자. 먼저 $D_1 = 0$, $D_2 = 1$이다. $n \geqq 3$에 대하여, n일 때 성립한다고 가정하고 $n+1$일 때 증명하자.

$n+1$이 홀수이면 n이 짝수이므로 수학적 귀납법 가정에 의해 D_n은 홀수이다.

점화식 $D_{n+1} = (n+1)D_n + (-1)^{n+1}$을 이용하면 D_{n+1}은 짝수이다.

반대 방향의 증명은 대우(contrapositive)를 이용한다. 즉 $n+1$이 짝수이면 n이 홀수이므로 수학적 귀납법 가정에 의해 D_n은 짝수이다. 점화식 $D_{n+1} = (n+1)D_n + (-1)^{n+1}$을 이용하면 D_{n+1}은 홀수이다.

$\mathrm{N}_n = 1, 2, \ldots, n$의 r-순열 $a_1 a_2 \cdots a_r$이 $a_i = i$일 때 i에서 고정점을 갖는다고 한다. 일반적으로, $0 \leqq k \leqq r$에 대하여, 정확히 k개의 고정점을 갖는 N_n의 r-순열의 개수를 $D(n, r, k)$로 표시하자. 특별히 $D_n = D(n, n, 0)$

정리 4.5

정수 n, r, k가 $n \geqq r \geqq k \geqq 0$, $r \geqq 1$을 만족시킬 때, 다음을 증명하라.

$$D(n, r, k) = \frac{\binom{r}{k}}{(n-r)!}\sum_{i=0}^{r-k}(-1)^i\binom{r-k}{i}(n-k-i)!$$

[풀이] N_n의 r-순열의 집합을 U라 하자. $i = 1, 2, \cdots, r$에 대하여 $A_i = a_1 a_2 \cdots a_r \in U \mid a_i = i$로 놓으면, 일반화된 포함배제의 원리에 의해

$$D(n, r, k) = E(k) = \sum_{i=0}^{r-k}(-1)^i\binom{k+i}{k}S_{k+i}$$

그런데 $0 \leqq t \leqq r$에 대하여 $|A_1 \cap \cdots \cap A_t| = \binom{n-t}{r-t}\cdot(r-t) \neq \frac{(n-t)!}{(n-r)!}$이다.

$\{1, 2, \ldots, r\}$의 임의의 t-부분집합 $\{i_1, i_2, \ldots, i_t\}$에 대하여

$|A_{i_1} \cap \cdots \cap A_{i_t}| = |A_1 \cap \cdots \cap A_t|$이므로

$$S_t = \sum_{1 \leq i_1 < \dots < i_t \leq r} |A_{i_1} \cap \cdots \cap A_{i_t}| = \binom{r}{t} \frac{(n-t)!}{(n-r)!}$$

따라서

$$\begin{aligned} D(n, r, k) = E(k) &= \sum_{i=0}^{r-k} (-1)^i \binom{k+i}{k} S_{k+i} \\ &= \sum_{i=0}^{r-k} (-1)^i \binom{k+i}{k} \binom{r}{k+i} \frac{(n-k-i)!}{(n-r)!} \\ &= \frac{1}{(n-r)!} \sum_{i=0}^{r-k} (-1)^i \binom{r}{k} \binom{r-k}{k+i-k} (n-k-i)! \\ &= \frac{\binom{r}{k}}{(n-r)!} \sum_{i=0}^{r-k} (-1)^i \binom{r-k}{i} (n-k-i)! \end{aligned}$$

■

예를 들어, $N_4 = \{1, 2, 3, 4\}$의 3-순열 ${}_4P_3 = 24$개는 고정점의 개수에 따라 4그룹으로 나누어진다.

먼저 $D(4, 3, k) = \binom{3}{k} \sum_{i=0}^{3-k} (-1)^i \binom{3-k}{i} (4-k-i)!$이므로

$$D(4, 3, 0) = \sum_{i=0}^{3} (-1)^i \binom{3}{i} (4-i)! = 4! - 3 \cdot 3! + 3 \cdot 2! - 1! = 11$$

$$D(4, 3, 1) = \binom{3}{1} \sum_{i=0}^{2} (-1)^i \binom{2}{i} (3-i)! = 3(3! - 2 \cdot 2! + 1!) = 9$$

$$D(4, 3, 2) = \binom{3}{2} \sum_{i=0}^{1} (-1)^i \binom{1}{i} (2-i)! = 3(2! - 1!) = 3$$

$$D(4, 3, 3) = \binom{3}{3} \sum_{i=0}^{0} (-1)^i \binom{0}{i} (1-i)! = 1$$

포함배제의 원리를 이용하는 또 다른 예를 살펴보자.

예제 4.11

식 $\sum_{i=0}^{n}(-1)^i\binom{n}{i}\binom{m+n-i}{k-i}$은 $m \geqq k$일 때 $\binom{m}{k}$이고, $m < k$일 때 0임을 증명하라.

[증명] $X=\{x_1, \cdots, x_n\}$이고 Y는 m개의 원소로 이루어진 집합이며 $Z=X\bigcup Y$이다. 이제 Y에서 k개의 원소를 뽑는 경우의 수를 두 가지 다른 방법으로 생각해 보자. 먼저 구하는 경우의 수는 $\binom{m}{k}$이다. 한편, 전체집합을 Z의 $k-$부분집합들의 집합으로 하고 E_i는 그러한 $k-$부분집합 중에 x_i를 포함하는 것들의 집합이다. 그러면 $|E_1^c\bigcap E_2^c\bigcap\cdots\bigcap E_n^c|$은 Y에서 k개의 원소를 뽑는 경우의 수이다.
포함배제의 원리를 이용하면,

$$|E_1^c\bigcap E_2^c\bigcap\cdots\bigcap E_n^c|=\sum_{i=0}^{n}(-1)^i\binom{n}{i}\binom{m+n-i}{k-i}$$

이다. ■

예제 4.12

$\{1, 2, \cdots, n\}$에서 r개를 뽑는데 어떤 이웃한 정수도 없도록 뽑는 방법의 수를 구하시오. (단, $0\leqq r\leqq n-r+1$)

[풀이1] $\{1, 2, \cdots, n\}$에서 r개를 뽑아 $x_1<x_2<\cdots<x_r$로 나열하자. 그러면
$x_1 \geqq 1,\ x_2-x_1 \geqq 2, \cdots, x_r-x_{r-1} \geqq 2$이므로

$$y_1=x_1,\ y_i=x_i-x_{i-1}-1\ (2\leqq i\leqq r),\ y_{r+1}=n-x_r+1$$

로 놓자. 그러면 $y_1, y_2, \cdots, y_{r+1}$은 양의 정수이고

$$y_1+y_2+\cdots+y_{r+1}=n-r+2$$

이다. 따라서 구하는 답은

$$\binom{n-r+1}{r}$$

이다.

[풀이2] 집합 $\{1, 2, \cdots, n\}$의 이웃한 정수가 없는 $r-$부분집합들의 집합을 A라 하고,

집합 $\{1,\ 2,\ \cdots,\ n-(r-1)\}$의 r-부분집합들의 집합을 B라 하자.

$S=\{s_1,\ s_2,\ \cdots,\ s_r\}\in \mathrm{A}$에서 $s_1<s_2<\cdots<s_r$라 가정해도 좋다.

이제 $f(S)=\{s_1,\ s_2-1,\ s_3-2,\ \ldots,\ s_r-(r-1)\}$로 정의하면 $s_i,\ s_{i+1}$이 이웃하지 않으므로 $f(S)$의 모든 원소는 서로 다르다. 따라서 $f(S)\in B$ 즉 $f:A\to B$는 단사함수이다. 임의의 $T=\{t_1,\ t_2,\ \cdots,\ t_r\}\in B$에 대하여 $S=\{t_1,\ t_2+1,\ t_3+2,\ \cdots,\ t_r+(r-1)\}$로 놓으면 $S\in A$이고 $f(S)=T$이다. 즉 $f:A\to B$는 전사함수이다. 따라서 $f:A\to B$가 전단사함수이므로

$$|A|=|B|=\binom{n-r+1}{r}$$

즉 구하는 답은 $\binom{n-r+1}{r}$ ■

예제 4.13

정수 $1,\ 2,\ \ldots,\ n\ (n\geqq 3)$을 원주에 순서대로 나열했을 때, $0\leqq r\leqq\left[\frac{n}{2}\right]$에 대하여 $\{1,\ 2,\ \ldots,\ n\}$의 r-부분집합 중 어떤 두 원소도 이웃하지 않는 r-부분집합의 개수를 구하여라. 예를 들어, $n=10,\ r=4$일 때 $\{1,\ 3,\ 6,\ 9\}$, $\{3,\ 5,\ 8,\ 10\}$은 조건을 만족하지만 $\{1,\ 6,\ 8,\ 10\}$, $\{2,\ 6,\ 7,\ 9\}$는 조건을 만족하지 않는다.

[풀이] 구하는 답을 $a(r)$로 놓자. $i=1,\ 2,\ \ldots,\ m$에 대하여 $\{1,\ 2,\ \ldots,\ n\}$의 r-부분집합 중 i를 포함하며 어떤 두 원소도 이웃하지 않는 r-부분집합의 개수를 a_i라 하자. 그러면 $a_1=a_2=\ldots=a_m$이제 a_1을 계산하자.

1를 포함하며 어떤 두 원소도 이웃하지 않는 $\{1,\ 2,\ \ldots,\ n\}$의 r-부분집합 B는 $2,\ n$을 포함하지 않으므로 B의 나머지 $r-1$개 원소는 $\{3,\ 4,\ \ldots,\ n-1\}$ 중에서 뽑되 어떤 두 원소도 이웃하지 않아야 한다.

예제 3에 의하여 그 방법의 수는

$$a_1=\binom{(n-3)-(r-1)+1}{r-1}=\binom{n-r-1}{r-1}$$

따라서

$$\sum_{i=1}^{n}a_i=n\cdot a_1=n\binom{n-r-1}{r-1}$$

한편

$$\sum_{i=1}^{n} a_i = r \cdot a(r) \text{이므로 } a(r) = \frac{1}{r}\sum_{i=1}^{n} a_i = \frac{n}{r}\binom{n-r-1}{r-1}$$ ■

예제 4.14

n쌍의 부부를 $2n$개의 의자에 앉히는데($n \geqq 3$) 먼저 하나씩 건너서 의자에 부인을 앉혔다. $0 \leqq r \leqq n$에 대하여 자기 부인 옆에 앉은 남편이 정확히 r명이도록 나머지 의자에 남편 n명을 앉히는 방법의 수를 $M(n, r)$라 할 때, 다음을 증명하라.

$$M(n, r) = \sum_{k=r}^{n} (-1)^{k-r}\binom{k}{r}\frac{2n}{2n-k}\binom{2n-k}{k}(n-k)!$$

[풀이] n명의 남편 $H_1, H_2, \ldots, H_n$을 앉히는 방법의 집합을 U라 하자. U의 부분집합으로 다음을 정의하자. [여기서, 먼저 앉은 n명의 부인은 차례대로 $W_1, W_2, \ldots, W_n$이고 H_i, W_i는 부부다. $(i = 1, 2, \ldots, n)$]

$A_1 = \{H_1$은 W_1의 우측에 앉는다$\}$

$A_2 = \{H_1$은 W_1의 좌측에 앉는다$\}$

$A_3 = \{H_2$은 W_2의 우측에 앉는다$\}$

$A_4 = \{H_2$은 W_2의 좌측에 앉는다$\}$

⋮

$A_{2n-1} = \{H_n$은 W_n의 우측에 앉는다$\}$

$A_{2n} = \{H_n$은 W_n의 좌측에 앉는다$\}$

그러면 A_{2n+1}을 A_1으로 간주할 때, $A_i \cap A_{i+1} = \varnothing \ (i = 1, 2, \ldots, 2n)$

(i) $n < k \leqq 2n$일 때, $A_{i_1} \cap A_{i_2} \cap \ldots \cap A_{i_k} = \varnothing$ 즉 $S_k = 0$

(ii) $1 \leqq k \leqq n$일 때, 예제 3에 의해

$$S_k = \sum_{1 \leqq i_1 < i_2 < \ldots < i_k \leqq 2n} |A_{i_1} \cap A_{i_2} \cap \ldots \cap A_{i_k}| = \frac{2n}{k}\binom{2n-k-1}{k-1} \cdot (n-k)!$$

따라서

$$M(n, r) = E(r) = \sum_{k=r}^{2n} (-1)^{k-r}\binom{k}{r} S_k$$

$$= \sum_{k=r}^{n} (-1)^{k-r}\binom{k}{r}\frac{2n}{k}\binom{2n-k-1}{k-1}(n-k)!$$

$$= \sum_{k=r}^{n} (-1)^{k-r}\binom{k}{r}\frac{2n}{2n-k}\binom{2n-k}{k}(n-k)!$$

■

참고로, $r=0$인 경우가 'problème des ménages'에 대한 해로서 (여기서 'ménages'는 'married couples') 다음과 같다.

$$M_n = M(n,\ 0) = \sum_{k=0}^{n} (-1)^{k}\frac{2n}{2n-k}\binom{2n-k}{k}(n-k)!$$

예제 4.15

$S = \sum_{A \subset \{1,2,\cdots,n\}} |A|$ 를 구하라.

[풀이1] 크기가 i인 부분집합 A의 개수는 $\binom{n}{i}$이므로 $S = \sum_{i=0}^{n} i\binom{n}{i}$

이항정리 $(1+x)^n = \sum_{i=0}^{n}\binom{n}{i}x^i$ 에서 x에 관하여 미분하면

$$\sum_{i=1}^{n} i\binom{n}{i}x^{i-1} = n(1+x)^{n-1}$$

이고 $x=1$을 대입하면 $S = n2^{n-1}$

[풀이2] 집합 A와 그 여집합 A^c에 있는 원소의 개수는 n이고, $\{1,\ 2,\ \cdots,\ n\}$의 부분집합의 개수는 2^n인데 정확히 두 번 고려되었으므로

$$S = n \cdot 2^n \cdot \frac{1}{2} = n2^{n-1}$$

[풀이3] 크기가 i인 부분집합 A의 개수는 $\binom{n}{i}$이므로 $S = \sum_{i=0}^{n} i\binom{n}{i}$

그런데 $\sum_{i=0}^{n} i\binom{n}{i} = \sum_{i=1}^{n} n\binom{n-1}{i-1} = \sum_{i=0}^{n-1} n\binom{n-1}{i} = n2^{n-1}$

■

4.3 일반화된 포함배제의 원리

이제 4.1절에서의 포함배제의 원리를 일반화시켜 보겠다.

정리 4.5 일반화된 포함배제의 원리

전체집합 U에 있는 부분집합 A_1, A_2, ..., A_n이 있다. S_k를 모든 k개의 A_i의 교집합들의 크기의 합이라 할 때, $0 \leq m \leq n$에 대하여 정확히 m개의 A_i에 속하는 원소의 개수를 $E(m)$이라 하면

$$E(m) = S_m - \binom{m+1}{m}S_{m+1} + \binom{m+2}{m}S_{m+2} - \dots + (-1)^{n-m}\binom{n}{m}S_n$$

$$= \sum_{k=m}^{n} (-1)^{k-m}\binom{k}{m}S_k$$

[증명] 각 $x \in U$가 증명할 등식의 양변에 같은 '공헌'을 함을 보이면 된다. x가 정확히 t개의 부분집합에 있다고 가정하자.

(i) $t < m$일 때, x는 등식의 양변에 0번 공헌한다.

(ii) $t = m$일 때, x는 $E(m)$에서 1번 공헌한다. 한편 x는 S_m에서 1번 공헌하고 $r > m$인 S_r에서 0번 공헌하므로 양변에 같은 공헌을 한다.

(iii) $t > m$일 때, x는 $E(m)$에서 0번 공헌한다. 한편 x는 S_m에서 $\binom{t}{m}$번 공헌하고, S_{m+1}에서 $\binom{t}{m+1}$번 공헌하고, ... , S_t에서 $\binom{t}{t}$번 공헌하고, $r > t$인 S_r에서 0번 공헌한다. 즉 x는 우변에서

$$\lambda = \binom{t}{m} - \binom{m+1}{m}\binom{t}{m+1} + \binom{m+2}{m}\binom{t}{m+2} - \dots + (-1)^{t-m}\binom{t}{m}\binom{t}{t}$$ 번

공헌한다. 그런데 $\binom{n}{k}\binom{k}{r} = \binom{n}{r}\binom{n-r}{k-r}$이므로

$$\lambda = \binom{t}{m} - \binom{t}{m}\binom{t-m}{1} + \binom{t}{m}\binom{t-m}{2} - \dots + (-1)^{t-m}\binom{t}{m}\binom{t-m}{t-m}$$

$$= \binom{t}{m}\left\{1 - \binom{t-m}{1} + \binom{t-m}{2} - \dots + (-1)^{t-m}\binom{t-m}{t-m}\right\} = 0 \qquad \blacksquare$$

참고로, 포함배제의 원리는 $m=0$인 경우, 즉

$$E(0) = |U| - S_1 + S_2 - S_3 + \dots + (-1)^n S_n$$

예제 4.16

(1) 2, 3, 5 중 어느 수의 배수인 500이하의 양의 정수의 개수는?

(2) 2, 3, 5 중 어느 수의 배수도 아닌 500이하의 양의 정수의 개수는?

(3) 2, 3, 5 중 정확히 한 수의 배수인 500이하의 양의 정수의 개수는?

(4) 2, 3, 5 중 정확히 두 수의 배수인 500이하의 양의 정수의 개수는?

(5) 2, 3, 5 모두의 배수인 500이하의 양의 정수의 개수는?

[풀이] (1) $U = \{1, 2, \dots, 500\}$로 놓고, 양의 정수 k에 대하여

$B_k = \{x \in U |\ x\text{는 } k\text{의 배수}\}$로 놓을 때, 구하는 답은 $|B_2 \cup B_3 \cup B_5|$

그런데 $|B_2| = \left[\frac{500}{2}\right] = 250$, $|B_3| = \left[\frac{500}{3}\right] = 166$, $|B_5| = \left[\frac{500}{5}\right] = 100$

$|B_2 \cap B_3| = |B_6| = \left[\frac{500}{6}\right] = 83$, $|B_2 \cap B_5| = |B_{10}| = \left[\frac{500}{10}\right] = 50$,

$|B_3 \cap B_5| = |B_{15}| = \left[\frac{500}{15}\right] = 33$, $|B_2 \cap B_3 \cap B_5| = |B_{30}| = \left[\frac{500}{30}\right] = 16$

이므로

$|B_2 \cup B_3 \cup B_5| = (250 + 166 + 100) - (83 + 50 + 33) + 16 = 366$

(2) 구하는 답은 $|B_2^c \cap B_3^c \cap B_5^c| = |U| - |B_2 \cup B_3 \cup B_5| = 500 - 366 = 134$

(3) $|B_2 \cap B_3^c \cap B_5^c| = |B_2| - |B_2 \cap B_3| - |B_2 \cap B_5| + |B_2 \cap B_3 \cap B_5|$

$= 250 - (83 + 50) + 16 = 133$

$|B_3 \cap B_2^c \cap B_5^c| = |B_3| - |B_2 \cap B_3| - |B_3 \cap B_5| + |B_2 \cap B_3 \cap B_5|$

$= 166 - (83 + 33) + 16 = 66$

$|B_5 \cap B_2^c \cap B_3^c| = |B_5| - |B_2 \cap B_5| - |B_3 \cap B_5| + |B_2 \cap B_3 \cap B_5|$

$= 100 - (50 + 33) + 16 = 33$

이므로 구하는 답은 $133+66+33=232$

(별해) 일반화된 포함배제의 원리에 의해

$$E(1)=S_1-\binom{2}{1}S_2+\binom{3}{1}S_3=516-2\cdot 116+3\cdot 16=232$$

(4) $|B_2\cap B_3\cap B_5^c|=|B_6|-|B_2\cap B_3\cap B_5|=83-16=67$

$|B_2\cap B_5\cap B_3^c|=|B_{10}|-|B_2\cap B_3\cap B_5|=50-16=34$

$|B_3\cap B_5\cap B_2^c|=|B_{15}|-|B_2\cap B_3\cap B_5|=33-16=17$

이므로 구하는 답은 $67+34+17=118$

(별해) 일반화된 포함배제의 원리에 의해

$$E(2)=S_2-\binom{3}{2}S_3=166-3\cdot 16=118$$

(5) 구하는 답은 $|B_2\cap B_3\cap B_5|=16$ ■

예제 4.17

(1) 집합 $\{1,\ 2,\ \ldots,\ 120\}$에서 각 $m=0,\ 1,\ 2,\ 3,\ 4$에 대하여 2, 3, 5, 7 중 정확히 m개의 배수인 정수의 개수를 구하여라.

(2) 집합 $\{1,\ 2,\ \ldots,\ 120\}$에서 소수의 개수는?

[풀이] (1) 집합 1, 2, ..., 120에서 각 $m=0,\ 1,\ 2,\ 3,\ 4$에 대하여 2, 3, 5, 7 중 정확히 m개의 배수인 정수의 개수를 $E(m)$이라 하자.

$$\begin{aligned}E(0)=120&-\left[\frac{120}{2}\right]-\left[\frac{120}{3}\right]-\left[\frac{120}{5}\right]-\left[\frac{120}{7}\right]\\&+\left[\frac{120}{6}\right]+\left[\frac{120}{10}\right]+\left[\frac{120}{14}\right]+\left[\frac{120}{15}\right]\\&+\left[\frac{120}{21}\right]+\left[\frac{120}{35}\right]-\left[\frac{120}{30}\right]-\left[\frac{120}{42}\right]-\left[\frac{120}{70}\right]-\left[\frac{120}{105}\right]\\&=120-(60+40+24+17)\\&\quad+(20+12+8+8+5+3)-(4+2+1+1)\\&=120-141+56-8+0=27\end{aligned}$$

$$2,\ 3/5,\ 7\rightarrow\left[\frac{120}{6}\right]-\left[\frac{120}{30}\right]-\left[\frac{120}{42}\right]=20-4-2=14$$

$$2,\ 5/3,\ 7 \rightarrow \left[\frac{120}{10}\right]-\left[\frac{120}{30}\right]-\left[\frac{120}{70}\right]=12-4-1=7$$

$$2,\ 7/3,\ 5 \rightarrow \left[\frac{120}{14}\right]-\left[\frac{120}{42}\right]-\left[\frac{120}{70}\right]=8-2-1=5$$

$$3,\ 5/2,\ 7 \rightarrow \left[\frac{120}{15}\right]-\left[\frac{120}{30}\right]-\left[\frac{120}{105}\right]=8-4-1=3$$

$$3,\ 7/2,\ 5 \rightarrow \left[\frac{120}{21}\right]-\left[\frac{120}{42}\right]-\left[\frac{120}{105}\right]=5-2-1=2$$

$$5,\ 7/2,\ 3 \rightarrow \left[\frac{120}{35}\right]-\left[\frac{120}{70}\right]-\left[\frac{120}{105}\right]=3-1-1=1$$

에서 $E(2)=14+7+5+3+2+1=32$

$$E(3)=\left[\frac{120}{2\cdot 3\cdot 5}\right]+\left[\frac{120}{2\cdot 3\cdot 7}\right]+\left[\frac{120}{2\cdot 5\cdot 7}\right]+\left[\frac{120}{3\cdot 5\cdot 7}\right]$$

$$=4+2+1+1=8$$

$$E(4)=0$$

따라서 $E(1)=120-(27+32+8+0)=53$혹은

$$2/3,\ 5,\ 7 \rightarrow \left[\frac{120}{2}\right]-\left[\frac{120}{6}\right]-\left[\frac{120}{10}\right]-\left[\frac{120}{14}\right]$$

$$+\left[\frac{120}{30}\right]+\left[\frac{120}{42}\right]+\left[\frac{120}{105}\right]=27$$

$$3/2,\ 5,\ 7 \rightarrow \left[\frac{120}{3}\right]-\left[\frac{120}{6}\right]-\left[\frac{120}{15}\right]-\left[\frac{120}{21}\right]$$

$$+\left[\frac{120}{30}\right]+\left[\frac{120}{42}\right]+\left[\frac{120}{105}\right]=14$$

$$5/2,\ 3,\ 7 \rightarrow \left[\frac{120}{5}\right]-\left[\frac{120}{10}\right]-\left[\frac{120}{15}\right]-\left[\frac{120}{35}\right]$$

$$+\left[\frac{120}{30}\right]+\left[\frac{120}{70}\right]+\left[\frac{120}{105}\right]=7$$

$$7/2,\ 3,\ 5 \rightarrow \left[\frac{120}{7}\right]-\left[\frac{120}{14}\right]-\left[\frac{120}{21}\right]-\left[\frac{120}{35}\right]$$

$$+\left[\frac{120}{42}\right]+\left[\frac{120}{70}\right]+\left[\frac{120}{105}\right]=5$$

에서 $E(1)=27+14+7+5=53$

일반화된 포함배제의 원리에 의해

$$E(0) = S_0 - S_1 + S_2 - S_3 + S_4$$
$$= 120 - 141 + 56 - 8 + 0 = 27$$
$$E(1) = S_1 - \binom{2}{1}S_2 + \binom{3}{1}S_3 - \binom{4}{1}S_4$$
$$= 141 - 2 \cdot 56 + 3 \cdot 8 + 4 \cdot 0 = 53$$
$$E(2) = S_2 - \binom{3}{2}S_3 + \binom{4}{2}S_4 = 56 - 3 \cdot 8 + 0 = 32$$
$$E(3) = S_3 - \binom{4}{3}S_4 = 8 - 0 = 8$$
$$E(4) = S_4 = 0$$

(2) 구하는 답은 $4 + E(0) - 1 = 30$ ■

예제 4.18

다음 그림에서 조건을 만족시키며 O에서 P까지 가는 최단 경로의 개수를 구하여라.

(1) 4선분 AB, CD, EF, GH를 통과하지 않는다.

(2) 4선분 AB, CD, EF, GH 중 정확히 2개를 통과한다.

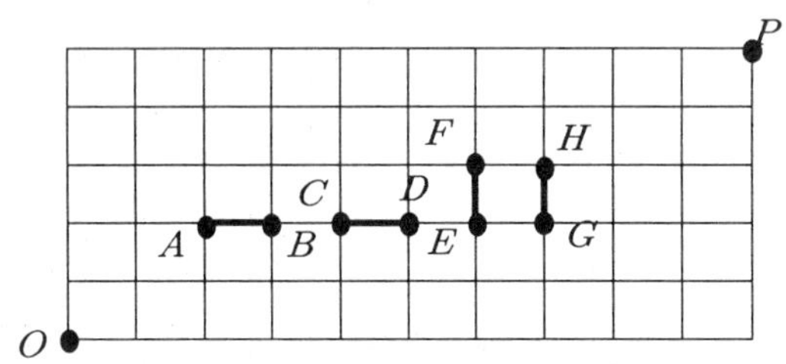

[풀이] (1) O에서 P까지 가는 최단 경로의 집합을 U라 하자. 그리고 U의 부분집합으로서

$$A_1 = \{AB\text{를 통과한다}\}$$
$$A_2 = \{CD\text{를 통과한다}\}$$
$$A_3 = \{EF\text{를 통과한다}\}$$
$$A_4 = \{GH\text{를 통과한다}\}$$

를 정의하자. 포함배제의 원리에 의해

$$|A_1^c \cap A_2^c \cap A_3^c \cap A_4^c| = |U| - \sum_{1 \leqq i \leqq 4} |A_i| + \sum_{1 \leqq i < j \leqq 4} |A_i \cap A_j|$$

$$- \sum_{1 \leqq i < j < k \leqq 4} |A_i \cap A_j \cap A_k|$$

$$+ |A_1 \cap A_2 \cap A_3 \cap A_4|$$

$$= \binom{15}{5} - \binom{4}{2}\binom{10}{3} - \binom{6}{2}\binom{8}{3} - \binom{8}{2}\binom{6}{2} - \binom{9}{2}\binom{5}{2} + \binom{4}{2}\binom{8}{3} + \binom{4}{2}\binom{6}{2}$$

$$+ \binom{4}{2}\binom{5}{2} + \binom{6}{2}\binom{6}{2} + \binom{6}{2}\binom{5}{2} + 0 - \binom{4}{2}\binom{6}{2} - \binom{4}{2}\binom{5}{2} - 0 - 0 + 0$$

$$= 3000 - 720 - 840 - 420 - 360 + 336 + 90$$

$$+ 60 + 225 + 150 - 90 - 60 = 1731$$

(2) 일반화된 포함배제의 원리에 의해

$$E(2) = S_2 - \binom{3}{2}S_3 + \binom{4}{2}S_4$$

$$= \binom{4}{2}\binom{8}{3} + \binom{4}{2}\binom{6}{2} + \binom{4}{2}\binom{5}{2} + \binom{6}{2}\binom{6}{2} + \binom{6}{2}\binom{5}{2} - \binom{3}{2}\left\{\binom{4}{2}\binom{6}{2} + \binom{4}{2}\binom{5}{2}\right\} + 0$$

$$= 336 + 90 + 60 + 225 + 150 - 3(90 + 60) = 411$$ ■

연습문제

1. 학교에 100명의 학생이 있고 40명의 학생들이 각각 프랑스어, 라틴어, 그리고 독일어를 말할 수 있다고 가정하자. 20명은 단지 프랑스어, 20명은 단지 라틴어, 그리고 15명은 단지 독일어만을 말 할 수 있다. 게다가 10명은 프랑스어와 라틴어를 말할 수 있다. 몇 명의 학생이 3개 국어를 할 수 있는가? 3개 국어를 전혀 말할 수 없는 사람은 몇 명인가?

2. 123, 456, 789 중 적어도 하나를 포함하는 1, 2, ⋯, 9의 순열의 개수를 구하시오.

3. 대학생 설문조사 결과 60%가 잡지 A를 읽고, 50%가 잡지 B를, 50%가 잡지 C를, 30%가 A와 B를, 20%가 B와 C를, 40%가 A와 C를, 그리고 10%가 A, B, C를 모두 읽는다.
   (1) 잡지를 읽지 않는 학생의 비율은?
   (2) 2개의 잡지를 읽는 학생의 비율은?
   (3) 적어도 2개의 잡지를 읽는 학생의 비율은?

4. 외국어 학부에 13명의 교수가 있는데 모두 적어도 하나의 외국어를 안다. 10명이 영어, 7명이 독일어, 6명이 불어, 5명이 영어와 독일어, 4명이 영어와 불어, 3명이 불어와 독일어를 안다면
   (1) 세 언어를 모두 아는 교수의 수는?
   (2) 두 개의 언어만 아는 교수의 수는?
   (3) 영어만 아는 교수의 수는?

5. (1) n으로 나누어지는 x이하의 양의 정수의 개수를 구하시오.
   (2) 3, 5, 7로 나누어지지 않는 1000이하의 자연수의 개수를 구하시오.
   (3) 6, 10, 15로 나누어지지 않는 1000이하의 자연수의 개수를 구하시오.
   (4) $n = 30m$일 때, 6, 10, 15로 나누어지지 않는 n이하의 자연수의 개수를 구하시오.

6. n쌍의 서로 적인 기사들을 원탁에 앉힐 때 서로 적인 어떤 두 기사도 같이 옆에 앉지 않을 경우의 수를 구하시오.

7. n자리 3진 수열 중 적어도 한 곳에서 연속된 두 수가 같을 경우의 수는?

8. 1000이하의 자연수 중에서 1과 10사이의 인수를 갖지 않는 자연수의 개수를 구하시오.

9. 1부터 30까지의 자연수 중에서 30과 서로 소인 수의 개수는?

10. 동전을 8번 던질 때 앞면이 적어도 두 번 나타날 확률은?

11. n자리 수 중에서 1이나 2나 3중에 적어도 어느 하나가 없는 경우의 수는?

12. 정수 1, 2, ..., 12를 원주에 순서대로 나열했을 때, $\{1, 2, ..., 12\}$에서 어떤 두 원소도 이웃하지 않는 4개의 원소를 뽑는 방법의 수를 구하시오.

13. 세 쌍의 부부가 둥근 탁자에 앉는데 어떤 부부도 같이 옆에 앉지 않을 확률을 구하시오.

14. 1부터 280까지의 자연수 중에서 280과 서로 소인 수의 개수는?

15. 9999이하의 자연수 중 각 자리의 숫자의 합이 25인 수의 개수를 구하시오.

16. 20명의 사람을 세 개의 서로 다른 방에 배치하는데 각 방에 적어도 한 사람이 있는 경우의 수는?

17. 각 자리의 숫자가 왼쪽에서 오른쪽으로 감에 따라 감소하지 않는 백만 미만의 자연수의 개수를 구하시오.

18. 두 개의 컴퓨터 언어 PASCAL, BASIC을 n명의 학생에게 제공하는데, 30명은 어떤 언어도 수강하지 않고, 70명은 PASCAL을 수강하지 않거나 둘 다 수강하고, 80명은 BASIC을 수강하지 않거나 둘 다 수강하고, 20명은 둘 다 수강한다. n을 결정하시오.

19. n자리 10진수에서 숫자 1, 2, 3이 모두 나타나는 경우의 수는?

20. 다음 방정식의 정수해의 개수를 구하시오.

$x_1 + x_2 + x_3 = 40,\ 6 \leqq x_1 \leqq 15,\ 5 \leqq x_2 \leqq 20,\ 10 \leqq x_3 \leqq 25$

21. n가지 종류의 문자가 두 벌 즉 $2n$개 있는데 서로 이웃하는 문자가 같지 않게 나열하는 경우의 수는?

22. 25개의 동일한 공을 6개의 다른 상자에 넣을 때 처음 3상자 각각에 많아야 6개의 공이 들어갈 수 있다면 가능한 경우의 수는?

23. 방정식 $x_1 + x_2 + x_3 + x_4 = 30$의 조건 $0 \leqq x_i \leqq 10$, $i = 1, 2, 3, 4$을 만족하는 정수해의 개수를 구하시오.

24. 아이가 4가지 종류의 사탕 중에서 12개를 집는데 어떤 종류의 사탕도 정확히 2개를 집어서는 안된다. 가능한 경우의 수는?

25. 맨 앞에 0이 올 수 있는 4자리 수 중에 정확히 두 번 같은 숫자가 나타나는 경우가 없는 수의 개수는?

26. 1부터 n까지의 자연수를 나열하는데 i $(i = 1, 2, \cdots, n-1)$ 바로 다음에 $i+1$이 나오지 않는 가능한 배열의 수는?

27. 일곱 난쟁이 D_1, D_2, D_3, D_4, D_5, D_6, D_7이 광산에서 일곱 가지 일 J_1, J_2, J_3, J_4, J_5, J_6, J_7을 각각 하는데 제한조건은 다음과 같다.
D_1은 J_1, J_3를 할 수 없고, D_2는 J_1, J_5를 할 수 없고, D_4는 J_3, J_6를 할 수 없고, D_5는 J_2, J_7을 할 수 없고, D_7은 J_4를 할 수 없고, 그리고 D_3, D_6는 어느 일이든지 할 수 있다. 일곱 난쟁이에게 서로 다른 일을 시킬 수 있는 경우의 수를 구하시오.

28. 100부터 1000까지의 정수 중에서 3 또는 5 또는 7로 나누어 떨어지는 수의 개수를 구하시오.

29. EERRIE라는 6개의 문자로 이루어진 단어를 재배열할 때 어떤 문자도 원래의 위치에 있지 않을 경우의 수는?즉, E는 첫째, 둘째, 여섯째 자리에 나타나지 않고, R은 셋째, 넷째 자리에 나타나지 않고, I는 다섯째 자리에 나타나지 않는다.

30. 결혼정보회사가 네 명의 여자 W_1, W_2, W_3, W_4를 다섯 명의 남자 M_1, M_2, M_3, M_4, M_5와 맺어주려고 한다. 그런데 W_1은 M_3, M_5와 어울리지 않고, W_2는 M_1, M_2와 어울리지 않고, W_3는 M_4와 어울리지 않고, W_4는 M_2, M_4와 어울리지 않는다. 4명의 여자를 맺어줄 수 있는 경우의 수는?

31. 100000이하의 자연수로서 각 자리의 숫자로 1, 2, 3, 4 모두를 품는 수의 개수를 구하시오.

32. 학생 102명이 국어, 영어, 수학 시험을 보는데 국어 합격한 사람은 92명, 영어 합격한 사람은 75명, 수학 합격한 사람은 63명, 국어와 영어를 합격한 사람은 65명 이하이고, 국어와 수학을 합격한 사람은 54명 이하이고, 영어와 수학을 합격한 사람은 48명 이하이다. 세 과목 모두 합격한 학생 수의 최댓값은?

33. (1) 유한집합 A, B, C에 대하여 다음을 증명하시오.

$|A^c \cap B| = |B| - |A \cap B|$

$|A^c \cap B^c \cap B| = |C| - |A \cap C| - |B \cap C| + |A \cap B \cap C|$

(2) 집합 $\{1, 2, ..., 10^3\}$에서 5의 배수나 7의 배수가 아니지만 3의 배수인 정수의 개수는?

34. 다음 방정식의 음이 아닌 정수해의 개수는?

$$x_1 + x_2 + x_3 = 15 \ (x_1 \leqq 5, \ x_2 \leqq 6, \ x_3 \leqq 7)$$

35. 두 수 10^{40}, 20^{30} 중 적어도 하나의 약수인 양의 정수의 개수는?

36. 세 수 10^{60}, 20^{50}, 30^{40} 중 적어도 하나의 약수인 양의 정수의 개수는?

37. (1) 집합 $\{1, 2, \ldots, 10^4\}$ 중에 n^2의 꼴이나 n^3의 꼴이 아닌 정수의 개수는?

(2) 집합 $\{10^3, 10^3+1, \ldots, 10^4\}$ 중에 n^2의 꼴이나 n^3의 꼴이 아닌 정수의 개수는?

38. 어떤 해가 (i) 4의 배수이지만 100의 배수가 아니거나 (ii) 400의 배수일 때 윤년(leap year)이라고 한다. 1000과 3000 사이에 윤년의 개수는?

39. (1) a, a, a, b, b, b, c, c, c를 일렬로 나열하는데 어떤 이웃한 3문자도 같지 않도록 나열하는 방법의 수는?

(2) a, a, a, b, b, b, c, c, c를 일렬로 나열하는데 어떤 이웃한 2문자도 같지 않도록 나열하는 방법의 수는?

40. 다음 방정식의 정수해의 개수를 구하시오.

$$x_1 + x_2 + x_3 = 28, \ 3 \leqq x_1 \leqq 9, \ 0 \leqq x_2 \leqq 8, \ 7 \leqq x_3 \leqq 17$$

41. 다음 방정식의 정수해의 개수를 구하시오.

$x_1+x_2+x_3+x_4=20,\ 1\leqq x_1\leqq 5,\ 0\leqq x_2\leqq 7,\ 4\leqq x_3\leqq 8,\ 2\leqq x_4\leqq 6$

42. 다음 그림에서 선분 AB, BC, BD를 통과하지 않고 O에서 P까지 가는 최단 경로의 개수를 구하시오.

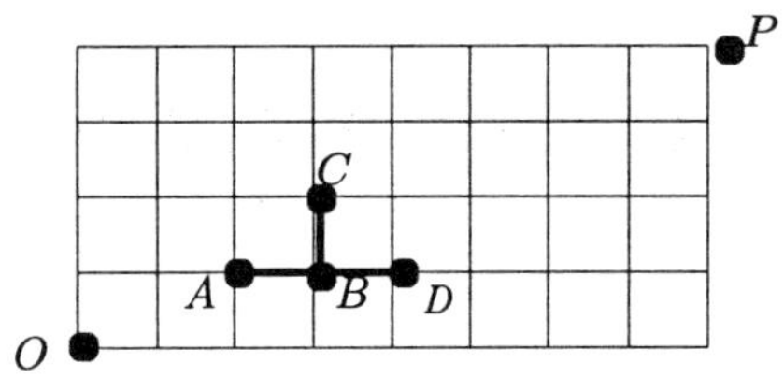

43. 동일한 3개의 검은공, 동일한 4개의 빨간공, 동일한 5개의 흰공을 일렬로 나열할 때, 같은 색 공이 한 덩어리가 되지 않도록 나열하는 방법의 수는?

44. 다음 그래프의 각 꼭짓점을 k가지 색 중의 하나로 칠할 때 변으로 연결된 임의의 두 꼭짓점을 다른 색으로 칠하는 방법의 수는?

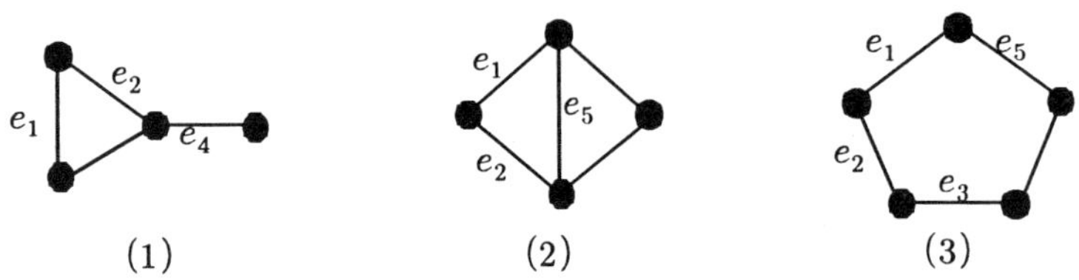

45. 1부터 48까지의 정수 중에 소수의 개수는?

46. $x_1+x_2+x_3+x_4=25$, $x_1>x_4$의 음이 아닌 정수해의 개수를 구하시오.

Chapter 5

집합(set)과 수(number)의 분할(partition)

이 장에서는 p개의 원소로 이루어진 집합을 k개의 부분으로 분할하는 방법의 수인 스털링수 $S(p,\ k)$를 공부하고, 자연수 n을 자연수들의 합으로 순서에 관계없이 표현할 수 있는 경우의 수인 분할수 $p(n)$을 공부한다.

5.1 스털링수(Stirling numbers)

임의의 수열

$$h_0,\ h_1,\ h_2,\ \cdots,\ h_n,\ \cdots$$

에 대하여, 새로운 수열

$$\triangle h_0,\ \triangle h_1,\ \triangle h_2,\ \cdots,\ \triangle h_n,\ \cdots$$

을 (일차) **차수열**(difference sequence)이라 한다. 여기서

$$\triangle h_n = h_{n+1} - h_n, \quad (n \geqq 0)$$

마찬가지로 수열

$$\Delta^2 h_0,\ \Delta^2 h_1,\ \Delta^2 h_2, \cdots,\ \Delta^2 h_n,\ \cdots$$

은 이차 차수열이라 한다. 여기서

$$\begin{aligned}\Delta^2 h_n &= \Delta(\Delta h_n)\\ &= \Delta h_{n+1} - \Delta h_n\\ &= (h_{n+2} - h_{n+1}) - (h_{n+1} - h_n)\\ &= h_{n+2} - 2h_{n+1} + h_n, \quad (n \geqq 0)\end{aligned}$$

일반적으로, 주어진 수열 $\{h_n\}$의 p차 차수열의 형태는 다음과 같다.

$$\Delta^p h_0,\ \Delta^p h_1,\ \Delta^p h_2,\ \cdots,\ \Delta^p h_n,\ \cdots \quad (p \geqq 1)$$

$$\Delta^p h_n = \Delta(\Delta^{p-1} h_n)$$

물론 주어진 수열 $\{h_n\}$은 0차 차수열이라 할 수 있다. 즉

$$\Delta^0 h_n = h_n, \quad (n \geqq 0)$$

주어진 수열 $\{h_n\}$의 **차표**(difference table)는 다음과 같다.

$$\begin{array}{ccccccccccc} h_0 & & h_1 & & h_2 & & h_3 & & h_4 & & \cdots \\ & \Delta h_0 & & \Delta h_1 & & \Delta h_2 & & \Delta h_3 & & \cdots & \\ & & \Delta^2 h_0 & & \Delta^2 h_1 & & \Delta^2 h_2 & & \cdots & & \\ & & & \Delta^3 h_0 & & \Delta^3 h_1 & & \cdots & & & \\ & & & & \cdots & & \cdots & & & & \end{array}$$

이제 주어진 수열 $\{h_n\}$의 일반항이 n에 관한 p차 다항식이면 $(p+1)$차 차수열의 모든 항이 0임을 보인다.

정리 5.1

주어진 수열 $\{h_n\}$의 일반항이 n에 관한 p차 다항식

$$h_n = a_p n^p + a_{p-1} n^{p-1} + \cdots + a_1 n + a_0, \quad (n \geqq 0)$$

이면

$$\triangle^{p+1} h_n = 0, \quad (n \geqq 0)$$

을 얻는다.

[증명] p에 관하여 수학적 귀납법으로 증명하자. $p=0$ 일 때, $\triangle h_n = 0$이므로 성립한다. $p \geqq 1$라고 가정하고, n에 관한 $p-1$차 다항식에 대하여 정리가 성립한다고 가정하자.

$$\triangle h_n = [a_p(n+1)^p + a_{p-1}(n+1)^{p-1} + \cdots + a_1(n+1) + a_0]$$

$$- [a_p n^p + a_{p-1} n^{p-1} + \cdots + a_1 n + a_0]$$

에서 이항정리에 의해,

$$a_p(n+1)^p - a_p n^p = a_p[n^p + \binom{p}{1} n^{p-1} + \cdots + 1] - a_p n^p$$

$$= a_p \binom{p}{1} n^{p-1} + \cdots + a_p$$

이므로 $\triangle h_n$은 기껏해야 차수가 $p-1$이다. 수학적 귀납법의 가정에 의해

$$\triangle^p(\triangle h_n) = 0, \quad (n \geqq 0)$$

따라서

$$\triangle^{p+1} h_n = \triangle^p(\triangle h_n) = 0, \quad (n \geqq 0)$$ ■

작용소 $\triangle^p$이 다음과 같은 선형적 성질을 가짐은 쉽게 보일 수 있다.

$$\triangle^p(af_n + bg_n) = a\triangle^p f_n + b\triangle^p g_n, \quad (p,n \geqq 0\text{이고 } a,b\text{는 상수})$$

용어로 주어진 수열 $\{h_n\}$의 차표에서, 0번째 행(0th row)은 h_0, h_1, h_2, h_3, $\cdots$을 말하고, 0**번째 대각선**(0th diagonal)은

$$h_0(=\triangle^0 h_0),\ \triangle h_0,\ \triangle^2 h_0,\ \triangle^3 h_0,\ \cdots$$

을 말한다. 첫 번째 대각선은 0번째 대각선에 있는 원소의 합으로 표시된다. 즉,

$$h_1 = \triangle h_0 + h_0$$

$$\triangle h_1 = \triangle^2 h_0 + \triangle h_0$$

$$\triangle^2 h_1 = \triangle^3 h_0 + \triangle^2 h_0$$

$$\cdots \qquad \cdots$$

따라서 0번째 대각선은 전체 차표를 결정한다. 물론 $p+1,\ p+2,\ \cdots$ 번째 행에 있는 0번째 대각선의 원소가 모두 0이면$p+1,\ p+2,\ \cdots$ 번째 행에 있는 모든 원소가 0이다. 예를 들어,만약 0번째 대각선이

$$0,\ 0,\ 0,\ 0,\ 1,\ 0,\ 0,\ \cdots\ (p=4)$$

라면 그 차표는 다음과 같다.

$$\begin{array}{ccccccccccccccc} 0 && 0 && 0 && 0 && 1 && 5 && 15 && \cdots \\ & 0 && 0 && 0 && 1 && 4 && 10 && \cdots & \\ && 0 && 0 && 1 && 3 && 6 && \cdots && \\ &&& 0 && 1 && 2 && 3 && \cdots &&& \\ &&&& 1 && 1 && 1 && \cdots &&&& \end{array}$$

5번째 행부터 모두 0이므로 h_n은 n에 관한 4차 다항식이다.

$$h_0 = h_1 = h_2 = h_3 = 0,\ h_4 = 1$$

이므로

$$h_n = cn(n-1)(n-2)(n-3)\text{에서}$$

$$1 = c\cdot 4\cdot 3\cdot 2\cdot 1\ \text{즉}\ c = \frac{1}{4!}$$

따라서

$$h_n = \frac{n(n-1)(n-2)(n-3)}{4!} = \binom{n}{4}$$

마찬가지로, 0번째 대각선이 $0,\ 0,\ \cdots,\ 0,\ 1,\ 0,\ 0,\ \cdots$ (여기서 1은 p번째 행에 있다.)

인 n에 관한 p차 다항식은

$$h_n = \frac{n(n-1)(n-2)\cdots(n-p+1)}{p!} = \binom{n}{p}$$

이다. 차수열의 선형적 성질을 이용하면 다음 정리를 얻는다.

정리 5.2

차표에서 0번째 대각선이 $c_0,\ c_1,\ c_2,\ \cdots,\ c_p \neq 0,\ 0,\ 0,\ \cdots$인 수열의 일반항 h_n은 n에 관한 p차 다항식으로서 다음과 같다.

$$h_n = c_0\binom{n}{0} + c_1\binom{n}{1} + c_2\binom{n}{2} + \cdots + c_p\binom{n}{p}$$

예제 5.1

$h_n = n^3 + 3n^2 - 2n + 1$을 정리 5.2에서와 같이 표현하라.

[풀이] 차표를 구하면

$$\begin{array}{ccccccccc} 1 & & 3 & & 17 & & 49 & & \cdots \\ & 2 & & 14 & & 32 & & \cdots & \\ & & 12 & & 18 & & \cdots & & \\ & & & 6 & & \cdots & & & \end{array}$$

이므로 0번째 대각선이

$$1,\ 2,\ 12,\ 6,\ 0,\ 0,\ \cdots$$

이고 정리 5.2에 의하여

$$h_n = 1\binom{n}{0} + 2\binom{n}{1} + 12\binom{n}{2} + 6\binom{n}{3}$$ ■

정리 5.3

수열 $h_0, h_1, h_2, \cdots, h_n, \cdots$의 0번째 대각선이 $c_0, c_1, c_2, \cdots, c_p, 0, 0, \cdots$이면 다음이 성립한다.

$$\sum_{k=0}^{n} h_k = c_0\binom{n+1}{1} + c_1\binom{n+1}{2} + \cdots + c_p\binom{n+1}{p+1}$$

[증명] 정리 5.2에 의해 $h_k = c_0\binom{k}{0} + c_1\binom{k}{1} + c_2\binom{k}{2} + \cdots + c_p\binom{k}{p}$이고, 이항항등식

$$\sum_{k=0}^{n}\binom{k}{p} = \binom{n+1}{p+1}$$

이 성립하므로

$$\begin{aligned}\sum_{k=0}^{n} h_k &= c_0\sum_{k=0}^{n}\binom{k}{0} + c_1\sum_{k=0}^{n}\binom{k}{1} + \cdots + c_p\sum_{k=0}^{n}\binom{k}{p} \\ &= c_0\binom{n+1}{1} + c_1\binom{n+1}{2} + \cdots + c_p\binom{n+1}{p+1}\end{aligned}$$

■

예제 5.2

차수열을 이용하여 합$1^3 + 2^3 + \cdots + n^3$을 간단히 하라.

[풀이] $h_n = n^3$에서 차표를 구하면

$$\begin{array}{ccccccccc} 0 & & 1 & & 8 & & 27 & & \cdots \\ & 1 & & 7 & & 19 & & \cdots & \\ & & 6 & & 12 & & \cdots & & \\ & & & 6 & & \cdots & & & \end{array}$$

이므로 정리 5.2에 의해

$$h_k = 1\binom{k}{1} + 6\binom{k}{2} + 6\binom{k}{3}$$

이고, 정리 5.3에 의해 주어진 합은

$$1^3+2^3+\cdots+n^3=\sum_{k=0}^{n}h_k=\binom{n+1}{2}+6\binom{n+1}{3}+6\binom{n+1}{4}$$
$$=\frac{(n+1)n}{2}+(n+1)n(n-1)+\frac{(n+1)n(n-1)(n-2)}{4}$$
$$=\frac{n^2(n+1)^2}{4}=\left[\frac{n(n+1)}{2}\right]^2$$

■

일반적으로 $h_n = n^p$일 때, 0번째 대각선이

$$c(p,\ 0),\ c(p,\ 1),\ c(p,\ 2),\ \cdots,\ c(p,\ p),\ 0,\ 0,\ \cdots$$

이면

$$n^p = c(p,\ 0)\binom{n}{0}+c(p,\ 1)\binom{n}{1}+\cdots+c(p,\ p)\binom{n}{p}$$

특별히 $p=0$일 때 $h_n=1$이고 $n^0=1=1\binom{n}{0}$이므로

$$c(0,\ 0)=1$$

$p \geqq 1$에 대하여 n에 관한 다항식 n^p의 상수항이 0이므로

$$c(p,\ 0)=0,\quad (p \geqq 1)$$

기호로,

$$[n]_k=\begin{cases} n(n-1)(n-2)\cdots(n-k+1) & (k \geqq 1) \\ 1 & (k=0) \end{cases}$$

종종, $[n]_k$ 를 n개의 서로 다른 물건 중에서 k개를 뽑아 나열하는 경우의 수인 순열 $P(n,\ k)$로도 표현한다. 이는 다음과 같은 성질을 만족한다.

$$[n]_{k+1}=(n-k)[n]_k$$
$$\binom{n}{k}=\frac{n(n-1)\cdots(n-k+1)}{k!}=\frac{[n]_k}{k!}$$

따라서

$$n^p = c(p,\ 0)\frac{[n]_0}{0!} + c(p,\ 1)\frac{[n]_1}{1!} + \cdots + c(p,\ p)\frac{[n]_p}{p!}$$

$$= \sum_{k=0}^{p} c(p,\ k)\frac{[n]_k}{k!}$$

$$= \sum_{k=0}^{p} \frac{c(p,\ k)}{k!}[n]_k$$

여기서

$$S(p,\ k) = \frac{c(p,\ k)}{k!}, \quad (0 \leqq k \leqq p)$$

로 놓으면

$$n^p = \sum_{k=0}^{p} S(p,\ k)\,[n]_k$$

이다. $S(p,\ k)$는 **제2종 스털링수**(Stirling numbers of the second kind)라 부른다.

$c(p,\ 0)$의 성질을 이용하면

$$S(p,\ 0) = \begin{cases} 1 & (p=0) \\ 0 & (p \geqq 1) \end{cases}$$

을 얻고, n^p의 계수를 비교하면

$$S(p,\ p) = \frac{c(p,\ p)}{p!} = 1, \quad (p \geqq 0)$$

다음 표는 제2종 스털링수 $S(n,\ k)$를 파스칼의 삼각형 모양으로 나열한 것이다.

n	$S(n,\ 0)$	$S(n,\ 1)$	$S(n,\ 2)$	$S(n,\ 3)$	$S(n,\ 4)$	$S(n,\ 5)$	$\cdots$
0	1						$\cdots$
1	0	1					$\cdots$
2	0	1	1				$\cdots$
3	0	1	3	1			$\cdots$
4	0	1	7	6	1		$\cdots$
5	0	1	15	25	10	1	$\cdots$
$\vdots$	$\vdots$	$\vdots$	$\vdots$	$\vdots$	$\vdots$	$\vdots$	$\ddots$

이제 이항계수에 대한 점화식인 파스칼의 공식과 비슷한 제2종 스털링수에 대한 점화식을 증명해 보겠다.

정리 5.4

$$S(p,\ k) = kS(p-1,\ k) + S(p-1,\ k-1), \quad (1 \leqq k \leqq p-1)$$

[증명] $n^p = \sum_{k=0}^{p} S(p,\ k)[n]_k$ 와 $n^{p-1} = \sum_{k=0}^{p-1} S(p-1,\ k)[n]_k$ 에서

$$\begin{aligned}
n^p &= n \times n^{p-1} \\
&= n\sum_{k=0}^{p-1} S(p-1,\ k)[n]_k \\
&= \sum_{k=0}^{p-1} S(p-1,\ k)(n-k+k)[n]_k \\
&= \sum_{k=0}^{p-1} S(p-1,\ k)(n-k)[n]_k + \sum_{k=0}^{p-1} kS(p-1,\ k)[n]_k \\
&= \sum_{k=0}^{p-1} S(p-1,\ k)[n]_{k+1} + \sum_{k=0}^{p-1} kS(p-1,\ k)[n]_k \\
&= \sum_{k=1}^{p} S(p-1,\ k-1)[n]_k + \sum_{k=1}^{p-1} kS(p-1,\ k)[n]_k \\
&= S(p-1,\ p-1)[n]_p + \sum_{k=1}^{p-1} (S(p-1,\ k-1) + kS(p-1,\ k))[n]_k.
\end{aligned}$$

그러므로 $1 \leqq k \leqq p-1$인 k에 대하여 $[n]_k$의 계수를 비교하면 증명하고자 하는 점화식을 얻는다. ■

정리 5.4의 점화식에 대한 초기조건은

$$S(p,\ 0) = 0, (p \geqq 1) \text{ 와 } S(p,\ p) = 1,\ (p \geqq 0)$$

이다.

다음은 쉽게 증명할 수 있다.

$$S(p,\ 1)=1, \quad (p \geqq 1)$$
$$S(p,\ 2)=2^{p-1}-1, \quad (p \geqq 2)$$
$$S(p,\ p-1)=\binom{p}{2}, \quad (p \geqq 1)$$

정리 5.5

$S(p,\ k)$는 p개의 원소로 이루어진 집합을 k개의 부분으로 분할하는 방법의 수이다.

[증명] 먼저 $S^*(p,\ k)$를 p개의 원소로 이루어진 집합을 k개의 부분으로 분할하는방법의 수라 하자. $S^*(p,\ 0)=0, (p \geqq 1)$와 $S^*(p,\ p)=1,\ (p \geqq 0)$은 자명하다. 이제 다음 점화식

$$S^*(p,\ k)=kS^*(p-1,\ k)+S^*(p-1,\ k-1), \quad (1 \leqq k \leqq p-1)$$

을 보이면 증명은 끝난다.

집합 $X=\{1,\ 2,\ \cdots,\ p\}$를 k개의 분할로 만들 때, 다음 두 가지 경우로 나눌 수 있다.

(i) $X-\{\mathrm{p}\}$로 k개의 분할을 만들고 그 중 어느 한 부분에 p를 포함시키는 경우인데 이 경우에 방법의 수는 $S^*(p-1,\ k)\times k$이다.

(ii) $X-\{\mathrm{p}\}$로 $(k-1)$개의 분할을 만들고 $\{p\}$를 하나의 부분으로 보는 경우인데 이 경우에 방법의 수는 $S^*(p-1,\ k-1)$ 이다.

위의 두 가지 경우는 서로 소이므로 합의 법칙에 의해

$$S^*(p,\ k)=kS^*(p-1,\ k)+S^*(p-1,\ k-1)$$

$S^*(p,\ k)$의 점화식과 정리 5.4에서 $S(p,\ k)$의 점화식이 정확히 일치하므로 $S^*(p,\ k)=S(p,\ k)$이다. ■

정리 5.5에 의해, $S(p,\ k)$는 $\{1,\ 2,\ \cdots,\ p\}$를 k개의 공집합이 아닌, 구분할 수 없는 상자에 분배하는 경우의 수이다. 이제 $S^d(p,\ k)$는 $\{1,\ 2,\ \cdots,\ p\}$를 k개의 공집합이 아닌, 구분할 수 있는 상자에 분배하는 경우의 수라고 정의하자. 그러면 다음 식을 얻는다.

$$S^d(p,\ k) = k!\,S(p,\ k)$$

새로 정의한 $S^d(p,\ k)$는 정의에 의해 p개의 원소로 이루어진 집합에서 k개의 원소로 이루어진 집합으로 대응되는 전사함수의 개수와 같다.

다음 정리는 $S(p,\ k)$에 대한 구체적인 공식을 제시한다.

정리 5.6

정수 $k(0 \leqq k \leqq p)$에 대하여

$$S^d(p,k) = \sum_{t=0}^{k} (-1)^t \binom{k}{t} (k-t)^p$$

이 성립하고, 따라서 다음이 성립한다.

$$S(p,\ k) = \frac{1}{k!} \sum_{t=0}^{k} (-1)^t \binom{k}{t} (k-t)^p$$

[증명] X는 $\{1,\ 2,\ \cdots,\ p\}$를 k개의 구분할 수 있는 상자 $B_1,\ B_2,\ \cdots,\ B_k$ 로 분할하는 모든 경우의 집합이다. 물론 $|X| = k^p$이다.

각각의 $i\ (1 \leqq i \leqq k)$에 대하여 A_i는 X에서 상자 B_i가 공집합인 경우의 집합이다. $S^d(p,\ k)$의 정의에 의해

$$S^d(p,\ k) = |A_1^c \cap A_2^c \cap \cdots \cap A_k^c|$$

이고, 포함배제의 원리를 이용하면

$$S^d(p,\ k) = \alpha_0 - \binom{k}{1}\alpha_1 + \binom{k}{2}\alpha_2 - \binom{k}{3}\alpha_3 + \cdots + (-1)^k \binom{k}{k}\alpha_k$$

여기서

$$\alpha_0 = |X| = k^p$$

$$\alpha_1 = |A_1| = \cdots = |A_k| = (k-1)^p$$

$$\alpha_2 = |A_1 \cap A_2| = |A_1 \cap A_3| = \cdots = |A_{k-1} \cap A_k| = (k-2)^p$$

……

$$\alpha_k = |A_1 \cap A_2 \cap \cdots \cap A_k| = (k-k)^p$$

따라서 다음이 성립한다.

$$S^d(p,\ k) = \sum_{t=0}^{k} (-1)^t \binom{k}{t} (k-t)^p$$ ■

벨수(Bell number) B_p는 $\{1,\ 2,\ \cdots,\ p\}$를 공집합이 아닌, 구분할 수 없는 상자에 분배하는 경우의 수이다. 제2종 스털링수를 이용하여 표현하면

$$B_p = \sum_{k=0}^{p} S(p,\ k) = S(p,\ 0) + S(p,\ 1) + \cdots + S(p,\ p)$$

벨수를 계산해 보면

$$B_0 = 1,\ B_1 = 1,\ B_2 = 2,\ B_3 = 5,$$

$$B_4 = 15,\ B_5 = 52,\ B_6 = 203,\ B_7 = 877$$

다음 정리에서 벨수에 대한 점화식을 얻는다.

정리 5.7

자연수 p에 대하여, $B_p = \sum_{k=0}^{p-1} \binom{p-1}{k} B_k$

[증명] B_p는 $\{1,\ 2,\ \cdots,\ p\}$를 공집합이 아닌, 구분할 수 없는 상자에 분배하는 방법의 수이다. 만약 p를 포함하는 상자가 $\{1,\ 2,\ \cdots,\ p-1\}$의 부분집합 X를 포함한다고 하자. 여기서

$$|X| = k,\ 0 \leqq k \leqq p-1$$

이다. X를 고르는 방법의 수가 $\binom{p-1}{k}$이고 나머지 원소를 분배하는 방법의 수는 B_{p-1-k} 이므로 다음 등식을 얻는다.

$$B_p = \sum_{k=0}^{p-1} \binom{p-1}{k} B_{p-1-k}$$

$$= \sum_{k=0}^{p-1} \binom{p-1}{p-1-k} B_{p-1-k}$$

$$= \sum_{k=0}^{p-1} \binom{p-1}{k} B_k$$

■

제2종 스털링수는 n^p 을 $[n]_0$, $[n]_1$, $[n]_2$, $\cdots$, $[n]_p$로 어떻게 나타내지를 보여준다. 이제 그 역할을 바꿔 보겠다. 즉, $[n]_p$를 n^0, n^1, n^2, $\cdots$, n^p으로 나타내보자. 정의에 의해

$$[n]_p = n(n-1)(n-2)\cdots(n-p+1)$$

우리는 $[n]_p$ 가 최고차 항이 n^p인 p차 다항식이고 근과 계수의 관계에 의해 계수의 부호가 교대함을 알 수 있다. 그러므로 $[n]_p$를 다음과 같이 놓자.

$$[n]_p = c(p,\ p)n^p - c(p,\ p-1)n^{p-1} + \cdots + (-1)^{p-1}c(p,\ 1)n + (-1)^p c(p,0)$$

$$= \sum_{k=0}^{p} (-1)^{p-k} c(p,\ k) n^k$$

위에서 정의한 $c(p,\ k)$, $(0 \leqq k \leqq p)$를 부호 없는 제1종 스털링수(signless Stirling numbers of the first kind)라고 부른다. 그리고

$$s(p,\ k) = (-1)^{p-k} c(p,\ k)$$

를 제1종 스털링수(Stirling numbers of the first kind)라고 부른다. 다음 식이 성립한다.

$$[n]_p = \sum_{k=0}^{p} s(p,\ k) n^k$$

특별히 다음을 알 수 있다.

$c(p,\ 0) = 0,\ (p \geqq 1)$

$c(p,\ p) = 1,\ (p \geqq 0)$

다음 표는 부호 없는 제1종 스털링수 $c(n,\ k)$를 파스칼의 삼각형 모양으로 나열한 것이다.

n	$c(n,\ 0)$	$c(n,\ 1)$	$c(n,\ 2)$	$c(n,\ 3)$	$c(n,\ 4)$	$c(n,\ 5)$	$\cdots$
0	1						$\cdots$
1	0	1					$\cdots$
2	0	1	1				$\cdots$
3	0	2	3	1			$\cdots$
4	0	6	11	6	1		$\cdots$
5	0	24	50	35	10	1	$\cdots$
$\vdots$	$\vdots$	$\vdots$	$\vdots$	$\vdots$	$\vdots$	$\vdots$	$\ddots$

다음 정리에서 부호 없는 제1종 스털링수 $c(p,\ k)$에 대한 점화식을 소개한다. 위의 $c(p,\ 0)$, $c(p,\ p)$의 값은 점화식에 대한 초기 조건이라 할 수 있다.

정리 5.8

$$c(p,\ k) = (p-1)c(p-1,\ k) + c(p-1,\ k-1), \quad (1 \leqq k \leqq p-1)$$

[증명] $[n]_p = \sum_{k=0}^{p} (-1)^{p-k} c(p,\ k) n^k$ 와 $[n]_{p-1} = \sum_{k=0}^{p-1} (-1)^{p-1-k} c(p-1,\ k) n^k$에서

$$\begin{aligned}[n]_p &= [n]_{p-1}(n-p+1) \\ &= (n-(p-1)) \sum_{k=0}^{p-1} c(p-1,\ k) n^k \\ &= \sum_{k=0}^{p-1} (-1)^{p-1-k} c(p-1,\ k)\, n^{k+1} + \sum_{k=0}^{p-1} (-1)^{p-k} (p-1)\, c(p-1,\ k) n^k \\ &= \sum_{k=1}^{p} (-1)^{p-k} s(p-1,\ k-1)\, n^k + \sum_{k=0}^{p-1} (-1)^{p-k} (p-1) s(p-1,\ k) n^k\end{aligned}$$

이제 n^k의 계수를 비교하면 구하는 점화식을 얻는다. ■

정리 5.5에서 제2종 스털링수의 의미를 살펴본 것과 같이 다음 정리에서 부호 없는 제1종 스털링수의 의미를 살펴본다.

정리 5.8

$c(p, k)$는 $\{1, 2, \cdots, p\}$를 k개의 공집합이 아닌 원순열로 나누는 방법의 수이다.

[증명] $c^*(p, k)$는 p명을 k개의 공집합이 아닌 원주 위에 배치하는 방법의 수라고 놓자. 자명하게

$$c^*(p, 0) = 0, \ (p \geqq 1)$$
$$c^*(p, p) = 1, \ (p \geqq 0)$$

p명을 배치할 때 다음 두 가지 경우가 있다.

(i) p가 홀로 원주 위에 있을 경우인데, 이 경우에 방법의 수는 $c^*(p-1, k-1)$이다.

(ii) p가 다른 사람과 함께 원주 위에 있을 경우인데, 이 경우에 방법의 수는 $(p-1)c^*(p-1, k)$이다.

위의 두 가지 경우는 서로 소이므로 합의 법칙에 의해

$$c^*(p, k) = (p-1)c^*(p-1, k) + c^*(p-1, k-1)$$

$c^*(p, k)$의 점화식과 정리 5.8에서 $c(p, k)$의 점화식이 정확히 일치하므로

$$c^*(p, k) = c(p, k)$$

이다. ■

기호로,

$$[n]_p = n(n-1)(n-2)\cdots(n-p+1)$$

와 같이

$$[n]^p = n(n+1)(n+2)\cdots(n+p-1)$$

로 정의하자.

그러면 $[n]_p$와 $[n]^p$를 연결해 주는 관계식을 구할 수 있다. 즉,

$$\begin{aligned}[-n]_p &= -n(-n-1)\cdots(-n-p+1)\\ &= (-1)^p n(n+1)\cdots(n+p-1)\\ &= (-1)^p[n]^p\end{aligned}$$

다음 정리에서 $[n]^p$가 부호 없는 제1종 스털링수 $c(p,\ k)$에 대한 생성함수임을 알 수 있다.

정리 5.10

$$[n]^p = \sum_{k=1}^{p} c(p,\ k)n^k$$

[증명] p에 관한 수학적 귀납법으로 증명하겠다. $p=1$일 때

$$[n]^1 = n = c(1,\ 1)x^1$$

이므로 성립한다. p에 대하여 정리가 성립한다고 가정하고, $p+1$일 때 증명하자.

$$\begin{aligned}[n]^{p+1} &= [n]^p(n+p)\\ &= \sum_{k=1}^{p} c(p,\ k)n^k(n+p)\\ &= \sum_{k=1}^{p+1}(c(p,\ k-1)+pc(p,\ k))n^k\\ &= \sum_{k=1}^{p+1} c(p+1,\ k)n^k\end{aligned}$$

■

5.2 분할수(Partition numbers)

자연수 n을 k개의 자연수들의 합으로 순서에 관계없이 표현할 수 있는 경우의 수를 $p_k(n)$이라 표시하자. 즉 $p_k(n)$은 다음을 만족하는 정수해의 개수이다.

$$n = x_1 + x_2 + \cdots + x_k,\quad x_1 \geqq x_2 \geqq \cdots \geqq x_k \geqq 1 \tag{1}$$

예를 들어,

$$7 = 5+1+1 = 4+2+1 = 3+3+1 = 3+2+2$$

이므로 $p_3(7) = 4$이다.

또한 $p_k(n)$은 다음을 만족하는 정수해의 개수로 볼 수도 있다.

$$n - k = y_1 + y_2 + \cdots + y_k,\quad y_1 \geqq y_2 \geqq \cdots \geqq y_k \geqq 0$$

$\{y_1,\ y_2,\ \cdots,\ y_k\}$중에서 s개가 양이면 $p_s(n-k)$개의 정수해가 존재하므로

$$p_k(n) = \sum_{s=1}^{k} p_s(n-k) \tag{2}$$

이다.

정리 5.11

$$p_k(n) = p_{k-1}(n-1) + p_k(n-k) \tag{3}$$

[증명] 식 (1)에서 $x_k = 1$인 경우와 $x_k \geqq 2$인 경우로 나누어 생각하자.

(i) $x_k = 1$인 경우 : 식 (1)을 만족하는 정수해의 개수는 $p_{k-1}(n-1)$이다. 즉

$$n - 1 = x_1 + x_2 + \cdots + x_{k-1},\quad x_1 \geqq x_2 \geqq \cdots \geqq x_{k-1} \geqq 1$$

(ii) $x_k \geqq 2$인 경우 : 식 (1)을 만족하는 정수해의 개수는 $p_k(n-k)$이다. 왜냐하면 $y_i = x_i - 1$, $(i = 1,\ 2,\ \cdots,\ k)$로 놓으면,

$$n - k = y_1 + y_2 + \cdots + y_k,\quad y_1 \geqq y_2 \geqq \cdots \geqq y_k \geqq 1$$

이기 때문이다. ■

초기 조건으로

$$p_k(n) = 0 \quad (n < k \text{ 일 때}),$$
$$p_k(k) = 1,$$
$$p_1(n) = 1,$$
$$p_{n-1}(n) = 1$$

은 자명하다.

정리 5.11의 점화식을 이용하면

$$p_2(n) = p_1(n-1) + p_2(n-2) = 1 + \left[\frac{n-2}{2}\right] = \left[\frac{n}{2}\right]$$

이므로, 다음을 얻는다.

$$p_2(n) = \left[\frac{n}{2}\right]$$

정리 5.12

$$p_3(n) = \left\{\frac{n^2}{12}\right\} \text{ (단, } \{x\}\text{는 } x\text{에 가장 가까운 정수)}$$

[증명] 다음을 만족하는 정수해의 개수를 $a_3(n)$이라 놓자.

$$n = x_1 + x_2 + x_3, \ x_1 \geqq x_2 \geqq x_3 \geqq 0$$

그러면 $a_3(n) = p_3(n+3)$이다. $y_3 = x_3$, $y_2 = x_2 - x_3$, $y_1 = x_1 - x_2$로 놓으면 $a_3(n)$은 다음을 만족하는 정수해의 개수이다.

$$n = y_1 + 2y_2 + 3y_3, \ y_1, \ y_2, \ y_3 \geqq 0$$

따라서

$$\sum_{n=0}^{\infty} a_3(n) x^n = (1-x)^{-1}(1-x^2)^{-1}(1-x^3)^{-1}$$

이다.

여기서 $\omega = \dfrac{-1+\sqrt{3}i}{2}$라 놓고 부분분수를 이용하여 표현하면 다음과 같다.

$$\sum_{n=0}^{\infty} a_3(n)x^n = \frac{1}{6}(1-x)^{-3} + \frac{1}{4}(1-x)^{-2} + \frac{17}{72}(1-x)^{-1}$$
$$+ \frac{1}{8}(1+x)^{-1} + \frac{1}{9}(1-\omega x)^{-1} + \frac{1}{9}(1-\omega^2 x)^{-1}$$

공식 $\sum_{k=0}^{\infty}\binom{n+k-1}{k}x^k = (1-x)^{-n}$을 이용하여 양변의 x^n의 계수를 비교하면

$$a_3(n) = \frac{1}{12}(n+3)^2 - \frac{7}{72} + \frac{(-1)^n}{8} + \frac{1}{9}(\omega^n + \omega^{2n})$$

이므로

$$\left|a_3(n) - \frac{1}{12}(n+3)^2\right| \leq \frac{7}{72} + \frac{1}{8} + \frac{2}{9} < \frac{1}{2}$$

따라서

$$a_3(n) = \left\{\frac{1}{12}(n+3)^2\right\}$$ ■

참고로, 자연수 n을 k개의 자연수들의 합으로 순서를 고려하며 표현할 수 있는 경우의 수(the number of compositions of n into k parts)를 $c_k(n)$이라 하자. 즉 $c_k(n)$은 다음을 만족하는 정수해의 개수이다.

$$n = x_1 + x_2 + \cdots + x_k,\ x_1,\ x_2,\ \cdots,\ x_k \geq 1$$

그런데 $n = x_1 + x_2 + \cdots + x_k$를 만족하는 음이 아닌 정수해의 개수는

$$\binom{n+k-1}{k-1}$$

이므로 $y_i = x_i - 1,\ i = 1,\ 2,\ \cdots,\ k$를 대입하면

$$c_k(n) = \binom{n-1}{k-1}$$

을 얻는다.

따라서, 자연수 n을 자연수들의 합으로 순서를 고려하며 표현할 수 있는 전체 경우의 수(이를 n의 합성 $c(n)$으로 표시하자.)는 다음과 같다.

$$c(n) = \sum_{k=1}^{n}\binom{n-1}{k-1} = \sum_{k=0}^{n-1}\binom{n}{k} = 2^{n-1}$$

자연수 n을 자연수들의 합으로 순서에 관계없이 표현할 수 있는 경우의 수를 자연수

n의 분할수라 하고 $p(n)$으로 표시한다. 앞에서 사용한 기호를 이용하면,

$$p(n) = \sum_{k=1}^{n} p_k(n)$$

예를 들어, 5의 분할은

$$5 = 4+1 = 3+2 = 3+1+1 = 2+2+1 = 2+1+1+1 = 1+1+1+1+1$$

이므로

$$p(5) = 7$$

이다. 또한

$$p(2) = 2,\ p(3) = 3,\ p(4) = 5,\ p(6) = 11$$

이므로 $p(n)$이 항상 소수가 아닌가 생각할 수 있지만

$$p(7) = 15$$

이므로 이는 사실이 아니다.

분할수 $p(n)$은 다음을 만족하는 정수해의 개수이다.

$$n = x_1 + x_2 + \cdots + x_n, \quad x_1 \geq x_2 \geq \cdots \geq x_n \geq 0$$

또한, 분할수 $p(n)$은 다음을 만족하는 정수해의 개수이기도 하다.

$$n = y_1 + 2y_2 + \cdots + ny_n, \quad y_1,\ y_2,\ \cdots,\ y_n \geq 0$$

이를 이용하면, 분할수 $p(n)$의 생성함수에 대한 다음 정리를 얻는다.

정리 5.13

$$\sum_{n=0}^{\infty} p(n) x^n = \prod_{k=1}^{\infty} (1 - x^k)^{-1}$$

페러스 다이어그램(Ferrers diagram)은 분할을 표현하는데 자주 사용된다. n의 분할인 경우, n개의 작은 정사각형을 크기가 감소하는 순으로 나열한다.

예를 들어, 다음 그림의 왼쪽에 있는 것은 12의 한 분할 $5+4+2+1$이다. 만약 이

페러스 다이어그램의 행과 열을 바꾼다면 다음 그림의 오른쪽에 있는 또 다른 페러스 다이어그램을 얻을 수 있다. 이 페러스 다이어그램은 원래 주어진 페러스 다이어그램의 **켤레**(conjugate)라고 부른다. 그림에서 $12=5+4+2+1$의 켤레는

$$12=4+3+2+2+1$$

이다.

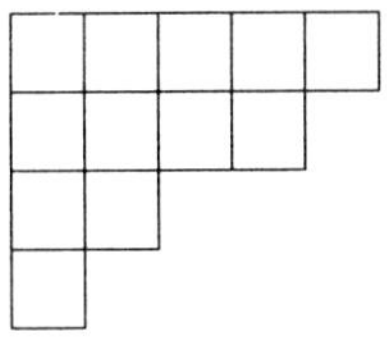 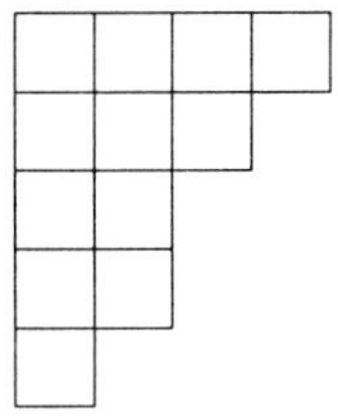

페러스 다이어그램을 이용한 몇 가지 쉬운 결과를 살펴보자.

정리 5.14

n의 분할에서 가장 큰 부분이 k인 분할의 개수는 $p_k(n)$이다.

[증명] 가장 큰 부분이 k인 n의 분할에 대한 페러스 다이어그램의 켤레는 k개의 부분을 가진 n의 분할이고 그 역도 성립한다. ■

참고로, 식 (2)에서 n에 $n+k$를 대입하면

$$p_k(n+k)=\sum_{s=1}^{k} p_s(n)$$

이다. 이를 풀어서 쓰면, $n+k$를 k부분으로 분할하는 경우의 수는 n을 기껏해야 k부분으로 분할하는 경우의 수와 같다.

이를 페러스 다이어그램을 이용하여 증명하면 $n+k$를 k부분으로 분할한 페러스 다이어그램에서 첫째 열을 제거하면 n을 기껏해야 k부분으로 분할한 페러스 다이어그램이 만들어진다.

정리 5.15 Euler

n을 홀수 부분으로 분할하는 경우의 수는 n을 같은 크기의 부분이 없는 분할로 분할하는 경우의 수와 같다.

[증명] n을 홀수 부분으로 분할하는 경우의 수에 대한 생성함수는 다음과 같다.

$$\prod_{m=1}^{\infty}(1-x^{2m-1})^{-1}$$

n을 같은 크기의 부분이 없는 분할로 분할하는 경우의 수에 대한 생성함수는 다음과 같다.

$$\prod_{k=1}^{\infty}(1+x^{k})$$

그런데

$$\begin{aligned}\prod_{k=1}^{\infty}(1+x^{k}) &= \prod_{k=1}^{\infty}\frac{(1-x^{2k})}{(1-x^{k})} \\ &= \prod_{k=1}^{\infty}(1-x^{2k})\prod_{k=1}^{\infty}(1-x^{k})^{-1} \\ &= \prod_{m=1}^{\infty}(1-x^{2m-1})^{-1}\end{aligned}$$ ■

연습문제

1. 4명의 학생 a, b, c, d가 여러 팀으로 나누어 자원봉사를 하기로 하였다. 이 때, 나눌 수 있는 모든 방법의 가짓수는 얼마인가?

2. 4명을 세 팀으로 나누는 경우의 수와 4명을 두 팀으로 나누는 경우의 수를 이용하여 5명을 세 팀으로 나누는 경우의 수를 구하시오.

3. 4명을 두 팀으로 나누는 경우의 수는 7이다. 다음을 구하시오.
   (1) 5명을 두 팀으로 나누는 경우의 수
   (2) (1)를 이용하여 6명을 두 팀으로 나누는 경우의 수

4. 크기가 100KB, 150KB, 200KB, 250KB, 300KB인 다섯 개의 파일을 용량이 각각 1440KB인 구별이 안 되는 세 장의 플로피 디스켓에 나누어 저장하는 방법의 수를 구하시오. (단, 다섯 개의 파일을 한 장의 플로피 디스켓에 함께 저장하거나, 두 장이나 세 장에 나누어 저장할 수도 있다.)

5. 같은 종류의 사탕 6개를 같은 종류의 봉지에 나누어 담으려고 한다. 나누어 담는 방법은 모두 몇 가지인가? 같은 종류의 사탕 7개를 같은 종류의 세 개의 봉지에 빈 봉지가 없도록 나누어 넣는 방법은 모두 몇 가지인가?

6. 7개의 같은 종류의 공을 같은 종류의 세 상자에 나누어 넣으려고 한다. 다음 물음에 답하시오.
   (1) 3개 이하의 상자에 나누어 넣는 방법은 모두 몇 가지인가?
   (2) 빈 상자가 없도록 넣는 방법은 모두 몇 가지인가?

7. 원소의 개수가 6인 집합을 공집합이 아닌 세 개의 부분집합으로 분할하는 경우의 수를 구하시오.

8. 7명의 학생이 3팀으로 나누어 숨겨진 보물을 찾으려고 한다. 팀을 나누는 방법의 수를 구하시오.

9. 차수열을 이용하여 합 $1^4+2^4+\cdots+n^4$을 간단히 하시오.

10. 다음을 증명하시오.
    (1) $S(r,\ 2)=2^{r-1}-1$
    (2) $S(r,\ 3)=\frac{1}{2}(3^{r-1}+1)-2^{r-1}$
    (3) $S(r,\ 4)=\frac{1}{24}(4^r-4\cdot 3^r+6\cdot 2^r-4)$
    (4) $S(r,\ r-1)=\binom{r}{2}$
    (5) $S(r,\ r-2)=\binom{r}{3}+3\binom{r}{4}$

11. 동일한 두 원탁에 6명을 앉히는데 각 원탁에 적어도 한 명을 앉히는 방법의 수는?

12. 동일한 세 원탁에 6명을 앉히는데 각 원탁에 적어도 한 명을 앉히는 방법의 수는?

13. 다음을 증명하시오.

(1) $c(r, 1) = (r-1)!\quad (r \geqq 2)$

(2) $c(r, r-1) = \binom{r}{2}\quad (r \geqq 2)$

14. 정수 r, n $(0 \leqq n \leqq r)$에 대해, 다음을 증명하시오.

(1) $c(r, 2) = (r-1)!\left(1 + \frac{1}{2} + \frac{1}{3} + \cdots + \frac{1}{r-1}\right)\quad (r \geqq 2)$

(2) $c(r, r-2) = \frac{1}{24} r(r-1)(r-2)(3r-1)\quad (r \geqq 2)$

(3) $c(r, r-3) = \frac{1}{48} r^2(r-1)^2(r-2)(r-3)\quad (r \geqq 3)$

(4) $c(r, r-4) = \frac{1}{360} r(r-1)(r-2)(r-3)(r-4)(65r-253)\quad (r \geqq 4)$

15. 벨수에 대한 다음 등식을 증명하시오.

$$B_n = \frac{1}{e}\sum_{k=0}^{\infty}\frac{k^n}{k!}$$

16. 벨수의 지수생성함수 $g(x) = \sum_{n=0}^{\infty}\frac{B_n x^n}{n!}$를 간단히 하시오.

17. 모든 양의 정수는 2의 서로 다른 거듭제곱들의 합으로 유일하게 표현할 수 있다는 것을 증명하시오.

18. 만약 주어진 페러스 다이어그램의 켤레가 주어진 페러스 다이어그램과 같으면 자기켤레분할(self-conjugate partition)이라 한다. n의 자기켤레분할의 개수는 같은 크기의 부분이 없고 모든 부분의 개수가 홀수인 n의 분할의 개수와 같음을 증명하시오.

19. 자연수 30030을 1보다 큰 세 자연수의 곱으로 표현하는 방법의 수를 구하시오. 단, 곱하는 순서는 무시한다.

Chapter 6

생성함수(Generating Functions)

이산수학에서 자주 사용하는 도구로서 생성함수가 있다. 생성함수에는 조합과 관계가 있는 일반생성함수와 순열과 관계가 있는 지수생성함수의 두 종류가 있다. 생성함수는 대수적인 방법으로 문제를 해결하는 도구로 볼 수 있고, 또한 무한번 미분가능한 함수의 테일러 급수 즉 멱급수로 볼 수 있다.

6.1 일반생성함수(Ordinary generating function)

이 절에서는 생성함수의 개념을 소개한다. 수열

$$a_0,\ a_1,\ a_2,\ \cdots,\ a_n,\ \cdots$$

이 주어졌을 때, 그 수열에 대한 (일반)생성함수는

$$g(x) = a_0 + a_1 x + a_2 x^2 + \cdots + a_r x^r + \cdots$$

으로 정의한다.

유한 개의 항을 제외하고 모두 0인 수열에 대한 생성함수 $g(x)$는 다항식(polynomial)

이 되고, 0이 아닌 항이 무한히 많을 때 이를 멱급수(power series)라 한다.

무한 수열

$$1,\ 1,\ 1,\ \cdots,\ 1,\ \cdots$$

에 대한 생성함수는

$$g(x) = 1 + x + x^2 + \cdots + x^n + \cdots = \frac{1}{1-x}$$

이다.

앞에서 살펴본 이항정리는 대표적인 생성함수의 예이다.

즉, 수열

$$\binom{n}{0},\ \binom{n}{1},\ \binom{n}{2},\ \cdots,\ \binom{n}{n}$$

에 대한 생성함수는

$$g(x) = \sum_{k=0}^{n} \binom{n}{k} x^k = (1+x)^n$$

이다.

뉴톤의 이항정리도 생성함수의 예가 된다. α가 실수일 때,
수열

$$\binom{\alpha}{0},\ \binom{\alpha}{1},\ \binom{\alpha}{2},\ \cdots,\ \binom{\alpha}{n},\ \cdots$$

에 대한 생성함수는

$$g(x) = \sum_{k=0}^{\infty} \binom{\alpha}{k} x^k = (1+x)^\alpha$$

이다.

수열

$$a_0,\ a_1,\ a_2,\ \cdots,\ a_n,\ \cdots$$

의 일반항 a_n이

$$e_1 + e_2 + \cdots + e_k = n$$

을 만족하는 음이 아닌 정수해의 개수일 때,

$$a_n = \binom{n+k-1}{n}$$

이고, 그 수열에 대한 생성함수는

$$g(x) = \sum_{n=0}^{\infty}\binom{n+k-1}{n}x^n = \frac{1}{(1-x)^k}$$

이다.

$(1+x)^n$ 을 전개했을 때, x^r 의 계수를 결정하는 문제는 $(1+x)^n$ 을 전개할 때, 정확히 $n-r$ 개의 1과 r 개의 x 선택하여 곱한 x^r 이 몇 개있는가의 문제로 압축된다. 따라서 $(1+x)^n$ 의 x^r 의 계수는 $\binom{n}{r}$이다.

여러 가지 다항식들의 곱이 각각의 다항식으로부터 택해진 항들의 곱의 모임으로 보여지는 것은 매우 중요하다.

만약, n개의 다항식의 곱으로 된 식에서 i 번째 다항식이 서로 다른 항 r_i 개를 포함하고 있을 때, $r_1 \cdot r_2 \cdot r_3 \cdot \cdots \cdot r_n$ 개의 서로 다른 곱이 존재한다. 예를 들어, $(1+x)^n$을 전개할 때 곱은 2^n 개 존재한다.

$(1+x)^3(1+x+x^2)^2$ 을 전개할 때, 모든 곱은 다음 곱셈

$$\begin{Bmatrix}1\\x\end{Bmatrix}\cdot\begin{Bmatrix}1\\x\end{Bmatrix}\cdot\begin{Bmatrix}1\\x\end{Bmatrix}\cdot\begin{Bmatrix}1\\x\\x^2\end{Bmatrix}\cdot\begin{Bmatrix}1\\x\\x^2\end{Bmatrix} \tag{1}$$

에서, 처음 세 위치에 있는 집합에서 1과 x중 하나를 각각 선택하고, 네 번째, 다섯 번째 위치에 있는 집합에서는 1, x, 그리고 x^2 중 하나를 각각 선택하여 곱한 식으로 이루어진다.

그리고 식 (1)을

$$\begin{Bmatrix}x^0\\x^1\end{Bmatrix}\cdot\begin{Bmatrix}x^0\\x^1\end{Bmatrix}\cdot\begin{Bmatrix}x^0\\x^1\end{Bmatrix}\cdot\begin{Bmatrix}x^0\\x^1\\x^2\end{Bmatrix}\cdot\begin{Bmatrix}x^0\\x^1\\x^2\end{Bmatrix} \tag{2}$$

으로 쓸 수 있다. 여러 개의 다항식들을 곱할 때, x^r 의 계수를 결정하는 문제는 x^r의 지수에 관한 문제로 바꿔서 생각할 수 있다.

다항식 $(1+x)^3(1+x+x^2)^2$의 전개식에서 x^4의 계수를 생각해 보자. 이것은 식 (2)에서 지수의 합이 4인 서로 다른 모든 곱의 개수이다. 즉 다항식 $(1+x)^3(1+x+x^2)^2$에서 x^4의 계수는 다음 방정식의 정수해의 개수이다.

$$e_1+e_2+e_3+e_4+e_5=4$$

(단, $0 \leqq e_1,\ e_2,\ e_3 \leqq 1$, 그리고 $0 \leqq e_4,\ e_5 \leqq 2$)

앞에서 중복조합을 살펴볼 때, 위의 방정식의 정수해의 개수를 구하는 문제는, 첫 번째, 두 번째, 세 번째 종류는 각각 1개씩 있고, 네 번째, 다섯 번째 종류는 각각 2개씩 있는 다섯 가지 종류의 물건에서 4개를 중복을 허용하며 선택하는 문제와 같다. 또, 이 문제는 4개의 동일한 물건을 5개의 서로 다른 상자에 분배할 때, 처음 세 개의 상자에는 많아야 1개, 마지막 두 개의 상자에는 많아야 2개의 물건을 넣는 문제와 동일하다.

더 일반적으로 말하면, $(1+x)^3(1+x+x^2)^2$ 에서 x^r 의 계수는 다음 방정식

$$e_1+e_2+e_3+e_4+e_5=r$$

$$(\text{단, } 0 \leqq e_1,\ e_2, e_3 \leqq 1,\ \text{그리고 } 0 \leqq e_4,\ e_5 \leqq 2)$$

을 만족하는 정수해의 개수이다.

이제 생성함수에 다양한 대수적 성질을 적용하여 우리가 원하는 계수를 찾는 방법을 살펴보자. 먼저 자주 사용되는 전개식은 등비급수, 무한등비급수, 이항정리, 중복조합 공식과 코시 곱(Cauchy product)등이 있는데 열거하면 다음과 같다.

다항전개식(Polynomial Expansions)

(1) $\dfrac{1-x^{n+1}}{1-x}=1+x+x^2+\cdots+x^n=\displaystyle\sum_{k=0}^{n}x^k$

(2) $\dfrac{1}{1-x}=1+x+x^2+\cdots=\displaystyle\sum_{k=0}^{\infty}x^k$

(3) $(1+x)^n=1+\dbinom{n}{1}x+\dbinom{n}{2}x^2+\cdots+\dbinom{n}{n}x^n=\displaystyle\sum_{k=0}^{n}\binom{n}{k}x^k$

(4) $(1-x^m)^n=1-\dbinom{n}{1}x^m+\dbinom{n}{2}x^{2m}-\cdots+(-1)^n\dbinom{n}{n}x^{nm}=\displaystyle\sum_{k=0}^{n}(-1)^k\binom{n}{k}x^{km}$

(5) $\dfrac{1}{(1-x)^n}=1+\dbinom{1+n-1}{1}x+\dbinom{2+n-1}{2}x^2+\cdots+\dbinom{k+n-1}{k}x^k+\cdots$

$$=\sum_{k=0}^{\infty}\binom{k+n-1}{k}x^k$$

(6) $f(x)=a_0+a_1x+a_2x^2+\cdots=\displaystyle\sum_{k=0}^{\infty}a_kx^k$이고

$g(x)=b_0+b_1x+b_2x^2+\cdots=\displaystyle\sum_{k=0}^{\infty}b_kx^k$일 때,

$$h(x) = f(x)g(x)$$
$$= a_0b_0 + (a_1b_0 + a_0b_1)x + (a_2b_0 + a_1b_1 + a_0b_2)x^2 + \cdots$$
$$+ (a_rb_0 + a_{r-1}b_1 + a_{r-2}b_2 + \cdots + a_0b_r)x^r + \cdots$$
$$= c_0 + c_1x + c_2x^2 + \cdots = \sum_{k=0}^{\infty} c_kx^k$$

[여기서 $c_k = \sum_{i=0}^{k} a_ib_{k-i} = \sum_{i+j=k} a_ib_j$]

예제 6.1

3개의 녹색 공, 3개의 흰색 공, 3개의 파란색 공, 3개의 노란색 공 중에서 r개를 선택하는 방법의 수 a_r에 대한 생성함수를 구하고 이를 이용하여 a_r을 구하라. ($r = 1, 2, 3, 4, 5, 6$)

[풀이] 이 문제에서 a_r은 다음 방정식의 정수해의 개수와 같다.

$$e_1 + e_2 + e_3 + e_4 = r \quad (\text{단, } 0 \leqq e_1, e_2, e_3, e_4 \leqq 3)$$

이 식에서 e_1, e_2, e_3, 그리고 e_4는 각각 선택된 녹색 공, 흰색 공, 파란색 공, 그리고 노란색 공의 개수을 나타낸다. 따라서 구하는 생성함수는

$$g(x) = (x^0 + x^1 + x^2 + x^3)^4 = (1 + x + x^2 + x^3)^4$$

이다.

구하는 a_r은 생성함수 $g(x)$의 x^r의 계수이다.

따라서 전개한$g(x)$의 계수를 다음과 같이 직접 계산할 수 있다.

1, 1, 1, 1

→ 1, 2, 3, 4, 3, 2, 1

→ 1, 3, 6, 10, 12, 12, 10, 6, 3, 1

→ 1, 4, 10, 20, 31, 40, 44, 40, 31, 20, 10, 4, 1

즉 $a_0 = 1$, $a_1 = 4$, $a_2 = 10$, $a_3 = 20$, $a_4 = 31$, $a_5 = 40$, $a_6 = 44$,

$a_{12} = 1$, $a_{11} = 4$, $a_{10} = 10$, $a_9 = 20$, $a_8 = 31$, $a_7 = 40$.

참고로,

$$(1+x+x^2+x^3)^4 = \left(\frac{1-x^4}{1-x}\right)^4 = \frac{(1-x^4)^4}{(1-x)^4}$$

$$= \left[1-\binom{4}{1}x^4+\binom{4}{2}x^8-\binom{4}{3}x^{12}+x^{16}\right]\sum_{k=0}^{\infty}\binom{4+k-1}{k}x^k$$

예를 들어, $a_6 = \binom{9}{6} - \binom{4}{1}\binom{5}{2} = 44$

(별해) 생성함수를 이용하지 않고 고등학교에서 배운 방법으로도 구할 수 있다.

$a_1 = 4$

$a_2 = {}_4H_2 = \binom{5}{2} = 10$

$a_3 = {}_4H_3 = \binom{6}{3} = 20$

$a_4 = {}_4H_4 - 4 = \binom{7}{4} - 4 = 35 - 4 = 31$

$a_5 = {}_4H_5 - 4 \times 4 = 56 - 16 = 40$

$a_6 = {}_4H_6 - 4 \times {}_4H_2 = 84 - 4 \times 10 = 44$ ■

예제 6.2

13명으로부터 10달러를 거두는 방법의 수를 생성함수를 이용하여 찾으려고 한다. 만약 처음 12명의 사람은 0달러나 1달러만 낼 수 있고,마지막 한 사람은 0달러나 1달러, 혹은 5달러를 낼 수 있을 때의 방법의 수를 구하라.

[풀이] 이들 사람들로부터 r 달러를 거두어들이는 방법의 수에 대한 생성함수는

$$(1+x)^{12}(1+x+x^5)$$

이다. 우리는 x^{10}의 계수를 구하면 된다. 이 생성함수의 첫 번째 부분은 다음과 같은 이항전개를 갖는다.

$$1+\binom{12}{1}x+\binom{12}{2}x^2+\cdots+\binom{12}{12}x^{12}$$

만약 $f(x)$를 이 첫 번째 다항식으로 놓고 $g(x)=1+x+x^5$이라 놓으면 $h(x)=f(x)g(x)$에서 x^{10}의 계수를 계산할 수 있다. $f(x)$의 x^r의 계수

$a_r = \binom{12}{r}$이라 놓고 $g(x)$의 x^r의 계수를 b_r이라고 놓자. 그러면 $h(x)$에서 x^{10}의 계수는 $a_{10}b_0 + a_9 b_1 + a_8 b_2 + \cdots + a_0 b_{10}$ 이고, $g(x)$의 항에서 x^0, x^1, x^5 만 0이 아니기 때문에, 이것을 간단히 하면, $a_{10}b_0 + a_9 b_1 + a_5 b_5$ 이다. a_r과 b_r을 대입하면 다음의 결과를 얻을 수 있다.

$$\binom{12}{10} + \binom{12}{9} + \binom{12}{5} = 66 + 220 + 792 = 1078$$ ■

예제 6.3

7개의 서로 다른 상자가 있다. 첫 번째 상자에 많아야 10개의 공을, 그리고 나머지 여섯 상자에는 어떻게 넣어도 상관이 없을 때, 15개의 동일한 공을 분배하는 방법의 수를 구하여라.

[풀이] 7개의 상자 중 첫 번째 상자에 많아야 10개의 공을 넣을 수 있고, 나머지 여섯 상자에는 어떻게 넣어도 상관이 없는 분배 방법의 수에 대한 생성함수는 다음과 같다.

$$(1 + x + x^2 + \cdots + x^{10})(1 + x + x^2 + \cdots)^6$$
$$= \left(\frac{1 - x^{11}}{1 - x}\right) \cdot \left(\frac{1}{1 - x}\right)^6 = (1 - x)^{-7} \cdot (1 - x^{11})$$

$f(x) = (1 - x)^{-7}$ 그리고 $g(x) = 1 - x^{11}$이라고 놓자. 그러면

$$f(x) = (1 - x)^{-7} = \sum_{k=0}^{\infty} \binom{k + 7 - 1}{k} x^k$$

이다.

$h(x) = f(x)g(x)$에서 x^{15}의 계수를 구하면 다음과 같다.

$$\binom{15 + 7 - 1}{15} \cdot 1 + \binom{4 + 7 - 1}{4} \cdot (-1) = 54054$$ ■

이항 항등식을 증명하기 위해 어떻게 생성함수를 이용하는지를 보임으로써 이 절을 마친다.

예제 6.4

다음 이항 항등식을 증명하라.

$$\binom{n}{0}^2+\binom{n}{1}^2+\cdots+\binom{n}{n}^2=\binom{2n}{n}$$

[증명] 위 항등식의 우변은 $(1+x)^{2n}$ 을 전개했을 때 x^n 의 계수이다. $(1+x)^{2n}$ 을 $(1+x)^n(1+x)^n$과 같이 쓰면,

$$f(x)=g(x)=(1+x)^n$$

로 둘 수 있다. 여기서, $a_r=b_r=\binom{n}{r}$라고 할 때, 코시 곱에 의해 $f(x)g(x)$에서 x^n의 계수는 다음과 같다.

$$\begin{aligned}&a_0b_n+a_1b_{n-1}+\cdots+a_nb_0\\&=\binom{n}{0}\binom{n}{n}+\binom{n}{1}\binom{n}{n-1}+\cdots+\binom{n}{n}\binom{n}{0}\\&=\binom{n}{0}^2+\binom{n}{1}^2+\cdots+\binom{n}{n}^2\end{aligned}$$

■

예제 6.5

사과, 바나나, 오렌지, 배 n개로 만들어지는 과일 바구니의 개수 a_n을 구하라. 단 사과의 개수는 짝수, 바나나의 개수는 5의 배수, 오렌지의 개수는 많아야 4개, 그리고 배의 개수는 0 아니면 1이다.

[풀이] a_n에 대한 생성함수는

$$\begin{aligned}g(x)&=(1+x^2+x^4+\cdots)(1+x^5+x^{10}+\cdots)(1+x+x^2+x^3+x^4)(1+x)\\&=\frac{1}{1-x^2}\frac{1}{1-x^5}\frac{1-x^5}{1-x}(1+x)=\frac{1}{(1-x)^2}\\&=\sum_{n=0}^{\infty}\binom{n+1}{n}x^n\\&=\sum_{n=0}^{\infty}(n+1)x^n\end{aligned}$$

따라서 구하는 답은

$$a_n=n+1$$

■

6.2 지수생성함수(Exponential Generation Functions)

지수생성함수는 서로 다른 물건의 나열 혹은 분배를 포함한 문제를 해결하기 위하여 사용되어진다. 이것은 일반생성함수보다 더 복잡한 구조를 갖는다.

a, b, c 들의 무한한 공급으로부터 적어도 2개의 a 를 포함해서 4개를 선택하여 만든 문자열의 수를 구하는 문제를 생각해 보자. 그러면, 단어를 만들 4개의 문자를 갖는 집합은 다음과 같다.

$$\{a, a, a, a\},\ \{a, a, a, b\},\ \{a, a, a, c\},\ \{a, a, b, b\},\ \{a, a, b, c\},\ \{a, a, c, c\}$$

이들 6개의 집합에 대한 나열 방법의 수는 각각 다음과 같다.

$$\frac{4!}{4!0!0!} \quad \frac{4!}{3!1!0!} \quad \frac{4!}{3!0!1!} \quad \frac{4!}{2!2!0!} \quad \frac{4!}{2!1!1!} \quad \frac{4!}{2!0!2!}$$

따라서, 구하는 단어 전체 수는 이들 6개의 항의 합일 것이다. 즉

$$1+4+4+6+12+6=33$$

이 단어를 만들기 위하여 사용된 문자열의 집합은 적어도 2개의 a를 포함하고 a, b, c 들로부터중복을 허용하여 선택한 4개의 문자열의 모든 집합이다. 다시 말하면, 이와 같은 집합들의 수는 다음 방정식의 정수해의 개수와 같다.

$$e_1+e_2+e_3=4, \quad (단,\ 2 \leqq e_1,\ 0 \leqq e_2,\ e_3) \tag{1}$$

얼핏 보면, 4개의 문자를 사용한 단어에 관한 문제는 앞 절의 일반생성함수에 의한 문제와 유사하게 보인다. 그러나, 이 경우, (1)의 정수해의 개수가 전체 단어의 수가 아니라, 각 정수해 e_1, e_2, e_3에 대하여, $4!/(e_1!e_2!e_3!)$ 개의 단어가 있음을 의미한다. 생성함수로 말한다면, x^4 의 계수는 지수의 합이 4인 모든 곱 $x^{e_1}x^{e_2}x^{e_3}(e_1 \geqq 2)$의 개수가 아니라, 계수가 $4!/(e_1!e_2!e_3!)$이고 지수의 합이 4인 다음과 같은 모든 곱의 개수를 말한다.

$$\frac{(e_1+e_2+e_3)!}{e_1!e_2!e_3!}x^{e_1}x^{e_2}x^{e_3}, \quad (단,\ e_1 \geqq 2)$$

다행하게도, 지수생성함수는 이런 형태의 곱을 정확하게 산출한다.

r 개의 서로 다른 물건들의 나열의 개수 a_r 에 대한 **지수생성함수** $g(x)$ 는 다음과 같은 멱급수 전개를 갖는 함수이다.

$$g(x)=a_0+a_1x+a_2\frac{x^2}{2!}+a_3\frac{x^3}{3!}+\cdots+a_r\frac{x^r}{r!}+\cdots$$

여기서, 일반생성함수를 만드는 것과 같은 방법으로 지수생성함수를 만들어 보자.

위의 예에서, 무한히 많은 a, b, c 로부터 적어도 2개의 a 를 포함하여 r 개의 문자로 된 단어를 만드는 방법의 수에 대한 지수생성함수는 다음과 같다.

$$g(x)=\left(\frac{x^2}{2!}+\frac{x^3}{3!}+\frac{x^4}{4!}+\cdots\right)\left(1+x+\frac{x^2}{2!}+\frac{x^3}{3!}+\cdots\right)^2 \qquad (2)$$

x^r 의 계수는 $e_1+e_2+e_3=r$, (단, $2\leqq e_1,\ 0\leqq e_2,\ e_3$) 를 만족하는 모든 곱 $(x^{e_1}/e_1!)(x^{e_2}/e_2!)(x^{e_3}/e_3!)$의 합과 같을 것이다. 더욱 중요한 것은, x^r 을 $r!$ 로 나누고, 다시 계수에 $r!$을 곱한다면 $g(x)$의 $\dfrac{x^r}{r!}$항은 다음과 같이 될 것이다.

$$\left(\sum_{\substack{e_1+e_2+e_3=r\\ 2\leqq e_1,\,0\leqq e_2,\,e_3}}\frac{r!}{e_1!e_2!e_3!}\right)\frac{x^r}{r!}$$

이 $\dfrac{x^r}{r!}$항의 계수는 바로 우리가 원했던 것이다. 그래서 r 문자로 된 단어의 개수에 대한 지수생성함수는 전개식 (2)이다.

생성함수 (2)를 전개하면 x^4의 계수는 다음과 같다.

$$\frac{1}{24}+\frac{1}{6}\cdot 2+\frac{1}{2}\cdot\left(\frac{1}{2}+1+\frac{1}{2}\right)=\frac{1}{4!}\cdot 33$$

따라서 $\dfrac{x^4}{4!}$의 계수는 33이다.

또한 생성함수 (2)를 다음과 같이 변형시키면, 일반적으로 $\dfrac{x^r}{r!}$의 계수를 구할 수 있다.

$$\begin{aligned} g(x)&=(e^x-1-x)e^{2x}=e^{3x}-e^{2x}-xe^{2x}\\ &=\sum_{r=0}^{\infty}\frac{(3x)^r}{r!}-\sum_{r=0}^{\infty}\frac{(2x)^r}{r!}-x\sum_{r=0}^{\infty}\frac{(2x)^r}{r!}\\ &=\sum_{r=0}^{\infty}(3^r-2^r-r\cdot 2^{r-1})\frac{x^r}{r!}\end{aligned}$$

따라서 $r=4$일 때,

$$3^4-2^4-4\cdot 2^3=33$$

지수생성함수의 계수를 어떻게 계산하는가를 보기 전에 지수생성함수의 전개식을 몇 가지 살펴보자.

n개의 물건 중 중복을 허용하지 않고 r개를 선택하여 나열하는 방법의 수 a_r에 대한 지수생성함수를 찾아보자.

우리는 $a_r=P(n,\ r)$임을 알고 있다. 따라서 구하는 지수생성함수는

$$\sum a_r\frac{x^r}{r!}=\sum P(n,\ r)\frac{x^r}{r!}=\sum\binom{n}{r}x^r=(1+x)^n$$

역으로 n개의 물건 중 중복을 허용하지 않고 r개를 선택하여 나열하는 방법의 수 a_r에 대한 지수생성함수를 이용하여 a_r을 구할 수 있다.

$$g(x)=(1+x)^n=\sum\binom{n}{r}x^r=\sum r!\binom{n}{r}\frac{x^r}{r!}=\sum P(n,r)\frac{x^r}{r!}$$

이므로 $a_r=P(n,\ r)$

n개의 물건 중 중복을 허용하여 r개를 선택하여 나열하는 방법의 수 a_r에 대한 지수생성함수를 이용하여 a_r을 구할 수 있다.

$$g(x)=\left(1+x+\frac{x^2}{2!}+\frac{x^3}{3!}\cdots\right)^n=(e^x)^n=e^{nx}=\sum_{r=0}^{\infty}n^r\frac{x^r}{r!}$$

이므로 $a_r=n^r$

지수생성함수와 관련하여 사용할 수 있는 몇 가지 전개식 또는 항등식이 있다. 앞의 결과처럼 계수를 쉽게 구할 수 있는 지수생성함수는 극히 제한되어 있다. 지수생성함수에 대한 근본적인 전개식은 다음과 같다

$$e^x=1+x+\frac{x^2}{2!}+\frac{x^3}{3!}+\cdots=\sum_{r=0}^{\infty}\frac{x^r}{r!} \tag{3}$$

식 (3)에서 x를 nx로 대치하면, 다음과 같은 결과를 얻는다.

$$e^{nx} = 1 + nx + n^2 \frac{x^2}{2!} + n^3 \frac{x^3}{3!} + \cdots = \sum_{r=0}^{\infty} n^r \frac{x^r}{r!} \tag{4}$$

이 전개식들은 x의 모든 값에 대해 성립한다. 전개식 (3)은 대부분의 미적분학 교재에서 증명되었고, 이 책에서는 단지 사실로써 받아들일 것이다.

지수생성함수를 대수적으로 다루는 가장 최상의 방법은 e^x 을 이용하는 것이다.

예를 들면, 2개 이상의 대상물을 나타내는 지수생성함수는 다음과 같이 간단히 표현할 수 있다.

$$\frac{x^2}{2!} + \frac{x^3}{3!} + \frac{x^4}{4!} + \cdots = e^x - 1 - x$$

또한, 자주 쓰이는 다음 두 개의 전개식이 있다.

$$1 + \frac{x^2}{2!} + \frac{x^3}{3!} + \frac{x^4}{4!} + \cdots = \frac{1}{2}(e^x + e^{-x}) \tag{5}$$

$$x + \frac{x^3}{3!} + \frac{x^5}{5!} + \frac{x^7}{7!} + \cdots = \frac{1}{2}(e^x - e^{-x}) \tag{6}$$

예제 6.6

3개의 서로 다른 방에 r 명을 배치하려고 한다. 각 방에 적어도 1명 이상 들어가야만 할 때, r 명을 배치하는 방법의 수에 대한 지수생성함수를 찾아라. 또, 각 방에 짝수 명씩 배치하는 방법의 수에 대한 지수생성함수를 찾아라.

[풀이] 구하는 지수생성함수는

$$\left(x + \frac{x^2}{2!} + \frac{x^3}{3!} + \cdots\right)^3$$

과

$$\left(1 + \frac{x^2}{2!} + \frac{x^4}{4!} + \cdots\right)^3$$

이다. ■

예제 6.7

3개의 서로 다른 방에 25명을 배치하려고 한다. 각 방에 적어도 1명 이상 들어가게 배치하는 방법의 수를 찾아라.

[풀이] 예제 1에서 이 문제에 대하여 아래와 같이 지수생성함수를 찾았다.

$$(x+\frac{x^2}{2!}+\frac{x^3}{3!}+\cdots)^3=(e^x-1)^3$$

$(e^x-1)^3$에서 $\frac{x^r}{r!}$의 계수를 찾기 위하여, 우리는 먼저 e^x에 대한 이항전개를 해야만 한다.

$$(e^x-1)^3=e^{3x}-3e^{2x}+3e^x-1$$

식 (4)로부터 다음과 같은 결과를 얻을 수 있다.

$$\begin{aligned} e^{3x}-3e^{2x}+3e^x-1 &= \sum_{r=0}^{\infty} 3^r \frac{x^r}{r!}-3\sum_{r=0}^{\infty} 2^r \frac{x^r}{r!}+3\sum_{r=0}^{\infty} \frac{x^r}{r!}-1 \\ &= \sum_{r=0}^{\infty} (3^r-3\cdot 2^r+3)\frac{x^r}{r!}-1 \end{aligned}$$

따라서 $\frac{x^{25}}{25!}$의 계수는 $3^{25}-3\cdot 2^{25}+3$이다. ■

예제 6.8

0, 1, 2, 3을 이용하여 r자리 숫자를 만들려고 한다. 0은 짝수번, 1은 홀수번만 사용하여 만든 r자리 숫자의 수를 구하여라. 단, 첫 자리에 0이 오는 것을 허용한다.

[풀이] 이 문제에 대한 지수생성함수는 다음과 같다.

$$(1+\frac{x^2}{2!}+\frac{x^4}{4!}+\frac{x^6}{6!}+\cdots)(x+\frac{x^3}{3!}+\frac{x^5}{5!}+\cdots)(1+x+\frac{x^2}{2!}+\frac{x^3}{3!}+\cdots)^2$$

항등식 (5), (6)을 이용하면, 다음과 같은 전개식으로 쓸 수 있다.

$$\frac{1}{2}(e^x+e^{-x})\cdot\frac{1}{2}(e^x-e^{-x})\cdot e^x\cdot e^x$$
$$=\frac{1}{4}(e^{2x}-e^0+e^0-e^{-2x})\cdot e^x\cdot e^x$$
$$=\frac{1}{4}(e^{2x}-e^{-2x})e^{2x}$$
$$=\frac{1}{4}(e^{4x}-1)$$

$r>0$ 일 때, $x^r/r!$의 계수는 $\frac{1}{4}4^r=4^{r-1}$이다. ■

예를 들어, $a_r^*=ra_r$ 을 계수로 하는 새로운 생성함수 $g^*(x)$는 $g(x)$를 미분한 후 다시 x 를 곱함으로써 얻어진다. 즉,

$$g^*(x)=x\left(\frac{d}{dx}g(x)\right).$$

만약, $g(x)$ 가 다음과 같이 주어진다면,

$$g(x)=a_0+a_1x+a_2x^3+\cdots+a_rx^r+\cdots$$

이를 미분하면 다음과 같이 될 것이다.

$$\frac{d}{dx}g(x)=a_1+2a_2x+3a_3x^2+\cdots+ra_rx^{r-1}+\cdots \tag{7}$$

그리고, 식 (7)에 x 를 곱하면,

$$g^*(x)=x\left(\frac{d}{dx}g(x)\right)=a_1x+2a_2x^2+3a_3x^3+\cdots+ra_rx^r+\cdots$$

이 된다.

제일 먼저, $a_r=1$인 다음 생성함수에서부터 출발하는 것이 바람직하다.

$$\frac{1}{1-x}=1+x+x^2+\cdots+x^r+\cdots$$

예제 6.9

$a_r=2r^2$ 인 생성함수 $h(x)$를 구하라.

[풀이] $\frac{1}{1-x}$에서 시작하여, x에 관하여 미분하고 각 계수에 x을 곱한다. 그러면

$$x\left(\frac{d}{dx}\frac{1}{1-x}\right)=x\frac{1}{(1-x)^2}=1x+2x^2+3x^3+\cdots+rx^r+\cdots$$

이제 $\frac{x}{(1-x)^2}$ 에 이 방법을 반복하면 다음을 얻게 된다.

$$x\left(\frac{d}{dx}\frac{x}{(1-x)^2}\right)=\frac{x(1+x)}{(1-x)^3}=1^2x+2^2x^2+3^2x^3+\cdots+r^2x^r+\cdots$$

마지막으로, 2를 곱해서 생성함수 $h(x)$ 를 얻을 수 있다. 즉

$$h(x)=\frac{2x(1+x)}{(1-x)^3}=2\cdot 1^2x+2\cdot 2^2x^2+2\cdot 3^2x^3+\cdots+2\cdot r^2x^r+\cdots$$

■

예제 6.10

$a_r=(r+1)r(r-1)$인 생성함수 $h(x)$를 구하라.

[풀이] $a_r=(r+1)r(r-1)$를 전개하면 $a_r=r^3-r$ 이다. 예제 4에서와 같이 r과 r^3에 대한 생성함수를 얻을 수 있고, r^3 에 관한 생성함수에서 r 에 관한 생성 함수를 빼면 된다.

또한 함수 $3!(1-x)^{-4}$ 에서부터 시작하면 쉽게 원하는 생성함수를 찾을 수 있다. 이 함수의 계수 b_r 은

$$b_r=3!\binom{r+4-1}{r}=3!\frac{(r+3)!}{r!3!}=\frac{(r+3)!}{r!}=(r+3)(r+2)(r+1)$$

이다.

이때, $3!(1-x)^{-4}$의 멱급수 전개는

$$\frac{3!}{(1-x)^4}=\sum_{r=0}^{\infty}(r+3)(r+2)(r+1)x^r \quad (8)$$

그리고 구하는 생성함수는

$$h(x)=\sum_{r=0}^{\infty}(r+1)r(r-1)x^r$$

따라서 $h(x)$는 바로 식 (8)에 x^2을 곱한 것이다. 그래서

$$h(x)=3!x^2(1-x)^{-4}$$

이다. ■

예제 5를 일반화시키면, $(n-1)!(1-x)^{-n}$ 을 전개할 때 x^r 의 계수는

$$a_r = (n-1)!\binom{r+n-1}{r} = (r+n-1)(r+n-2)\cdots(r+1)$$

이다.

정리 6.1

만약 $h(x)$가 x^r의 계수 a_r에 대한 생성함수라고 하면 $h^*(x) = \dfrac{h(x)}{1-x}$는 a_r들의 합의 생성함수이다. 즉,

$$h^*(x) = a_0 + (a_0 + a_1)x + (a_0 + a_1 + a_2)x^2 + \cdots + \left(\sum_{i=0}^{r} a_i\right)x^r + \cdots$$
$$= \sum_{r=0}^{\infty}\left(\sum_{i=0}^{r} a_i\right)x^r$$

이 정리는 $f(x) = \dfrac{1}{1-x}$일 때, 곱 $h^*(x) = f(x)h(x)$의 계수에 대한 공식인 코시곱(Cauchy product)으로부터 나왔다. 이제 앞의 예제로 돌아가자.

예제 6.11 (예제 6.9의 연속)

$2 \cdot 1^2 + 2 \cdot 2^2 + 2 \cdot 3^2 + \cdots + 2n^2$의 값을 구하라.

[풀이] $a_r = 2r^2$에 대한 생성함수가 $h(x) = \dfrac{2x(1+x)}{(1-x)^3}$임을 알았다. 정리 1.1에 의해서, 계수의 합 $a_1 + a_2 + \cdots + a_n$은 다음 $h^*(x)$ 의 x^n 의 계수이다.

$$h^*(x) = \frac{h(x)}{1-x} = \frac{2x(1+x)}{(1-x)^4} = 2x(1-x)^{-4} + 2x^2(1-x)^{-4}$$

$2x(1-x)^{-4}$에서 x^n의 계수는 $2(1-x)^{-4}$에서 x^{n-1}의 계수이고, $2x^2(1-x)^{-4}$에서 x^n의 계수는 $2(1-x)^{-4}$에서 x^{n-2}의 계수이다. 그러므로 다음에 주어진 합과 같다.

$$2\binom{(n-1)+4-1}{n-1}+2\binom{(n-2)+4-1}{n-2}=2\binom{n+2}{3}+2\binom{n+1}{3}$$

■

예제 6.12 (예제 6.10의 연속)

$3 \cdot 2 \cdot 1+4 \cdot 3 \cdot 2+\cdots+(n+1)n(n-1)$의 합을 구하라.

[풀이] $a_r=(r+1)r(r-1)$에 대한 생성함수가 $h(x)=3!x^2(1-x)^{-4}$ 임을 이미 증명하였다. 정리 1.1에 의해서, 구하는 합은 $h^*(x)=\dfrac{h(x)}{1-x}=6x^2(1-x)^{-5}$에서 x^n의 계수이다. 이 계수는 $6(1-x)^{-5}$ 에서 x^{n-2} 의 계수이다. 즉,

$$6\binom{(n-2)+5-1}{n-2}=6\binom{n+2}{4}$$

이다. ■

6.3 생성함수의 응용

생성함수는 점화식을 풀거나 조합수학적 등식을 증명하는데 종종 사용된다.

먼저, **피보나치(Fibonacci)수** F_n은 다음 점화식을 만족한다.

$$F_0=F_1=1,\quad F_n=F_{n-1}+F_{n-2},(n\geq 2)$$

이 점화식이 발표된지, 약 500년 후 DeMoivre가 생성함수를 이용하여 처음으로 그 해를 구했다.

예제 6.13

피보나치수 F_n의 일반항을 생성함수를 이용하여 구하라.

[풀이] 수열 $F_0, F_1, \cdots, F_n, \cdots$ 의 생성함수를 $f(x)$라 놓자. 그러면

$$f(x) = F_0 + F_1 x + F_2 x^2 + F_3 x^3 + \cdots$$
$$xf(x) = F_0 x + F_1 x^2 + F_2 x^3 + \cdots$$
$$x^2 f(x) = F_0 x^2 + F_1 x^3 + \cdots$$

이므로

$$(1 - x - x^2) f(x) = F_0 + (F_1 - F_0)x = 1$$

즉,

$$f(x) = \frac{1}{1 - x - x^2} = \frac{1}{(1-ax)(1-bx)} = \frac{A}{1-ax} + \frac{B}{1-bx}$$

여기서,

$$a = \frac{1+\sqrt{5}}{2},\ b = \frac{1-\sqrt{5}}{2},\ A = \frac{a}{a-b},\ B = \frac{-b}{a-b}$$

이다.

따라서

$$f(x) = A(1-ax)^{-1} + B(1-bx)^{-1}$$
$$= A\sum_{n=0}^{\infty} a^n x^n + B\sum_{n=0}^{\infty} b^n x^n$$

이고, F_n는 $f(x)$의 x^n의 계수이므로

$$F_n = Aa^n + Bb^n$$
$$= \frac{a^{n+1}}{a-b} - \frac{b^{n+1}}{a-b}$$
$$= \frac{1}{\sqrt{5}}\left\{\left(\frac{1+\sqrt{5}}{2}\right)^{n+1} - \left(\frac{1-\sqrt{5}}{2}\right)^{n+1}\right\}$$ ■

다음 예제의 등식을 "Vandermonde convolution"이라 부른다.

예제 6.14

음이 아닌 정수 a, b, n에 대해

$$\sum_{i=0}^{n}\binom{a}{i}\binom{b}{n-i}=\binom{a+b}{n}$$

[증명] 코시 곱에 의해

$$\left(\sum_{i=0}^{a}\binom{a}{i}x^i\right)\left(\sum_{j=0}^{b}\binom{b}{j}x^j\right)=\sum_{n=0}^{a+b}\left[\sum_{i=0}^{n}\binom{a}{i}\binom{b}{n-i}\right]x^n$$

이항정리에 의해

$$\left(\sum_{i=0}^{a}\binom{a}{i}x^i\right)\left(\sum_{j=0}^{b}\binom{b}{j}x^j\right)=(1+x)^a(1+x)^b$$

$$=(1+x)^{a+b}$$

$$=\sum_{n=0}^{a+b}\binom{a+b}{n}x^n$$

이다. 양변에서 x^n의 계수를 비교하면 된다. ■

1956년 G. Polya의 논문에서 생성함수를 이용하는 문제를 찾을 수 있다.

예제 6.15

Cents, Nickels, Dimes, Quarters, Half-dollars의 동전들이 충분히 많이 있을 때, 1 dollar를 지불하는 방법은 몇 가지 있는가? 여기서, nickel은 5 cents, dime은 10 cents, quarter는 25 cents, half-dollar는 50 cents이다.

[풀이] 다음은 각 동전에 대한 생성함수이다.

$$C=1+x+x^2+x^3+x^4+\cdots+x^{99}+x^{100}+\cdots$$

$$N = 1 + x^5 + x^{10} + x^{15} + x^{20} + \cdots + x^{95} + x^{100} + \cdots$$

$$D = 1 + x^{10} + x^{20} + x^{30} + \cdots + x^{90} + x^{100} + \cdots$$

$$Q = 1 + x^{25} + x^{50} + x^{75} + x^{100} + \cdots$$

$$H = 1 + x^{50} + x^{100} + \cdots$$

C에서 x^n의 계수는 n cents를 cents로 지불하는 방법이고, CN에서 x^n의 계수는 n cents를 cents와 nickels로 지불하는 방법이다. 계속하면 구하는 답은 위의 곱 $CNDQH$에서 x^{100}의 계수이다.

먼저,

$$QH = 1 + x^{25} + 2x^{50} + 2x^{75} + 3x^{100} + \cdots,$$

$$\begin{aligned} DQH = 1 &+ x^{10} + x^{20} + x^{25} + x^{30} + x^{35} + x^{40} \\ &+ x^{45} + 3x^{50} + x^{55} + 3x^{60} + x^{65} + 3x^{70} \\ &+ 3x^{75} + 3x^{80} + 3x^{85} + 3x^{90} + 3x^{95} + 6x^{100} + \cdots, \end{aligned}$$

$$\begin{aligned} NDQH = 1 &+ x^5 + 2x^{10} + 2x^{15} + 3x^{20} + 4x^{25} \\ &+ 5x^{30} + 6x^{35} + 7x^{40} + 8x^{45} + 11x^{50} \\ &+ 12x^{55} + 15x^{60} + 16x^{65} + 19x^{70} + 22x^{75} \\ &+ 25x^{80} + 28x^{85} + 31x^{90} \\ &+ 34x^{95} + 40x^{100} + \cdots. \end{aligned}$$

결국 $CNDQH$에서 x^{100}의 계수는 $NDQH$에서 x^{100}까지의 계수를 모두 더한 것이다. 따라서

$$\begin{aligned} &1 + 1 + 2 + 2 + 3 + 4 + 5 + 6 + 7 + 8 + 11 + 12 + 15 + 16 \\ &+ 19 + 22 + 25 + 28 + 31 + 34 + 40 = 292 \end{aligned}$$

즉, 292가지 방법이 있다. ■

연습문제

1. 다항식 $(1+x^3+x^8)^{10}$을 전개했을 때, x^{25}의 계수를 구하시오.

2. 세 명의 전문가가 신입사원 인터뷰를 하고 1점부터 6점까지의 점수를 적는다. 합계가 12점이 되는 경우의 수를 구하시오.

3. 식 $(x^2+x^3+x^4+\cdots\cdots)^5$에서 x^{16}의 계수를 구하시오.

4. 모든 자연수가 10의 서로 다른 거듭제곱들의 합으로 유일하게 표현됨을 증명하시오. 즉, 십진법으로 유일하게 표현됨을 증명하시오.

5. 10개의 서로 다른 주사위를 던졌을 때, 눈의 합이 25가 되는 경우의 수를 구하시오.

6. 센트, 니클, 다임, 쿼터로 50센트를 만드는 경우의 수는? 그리고 1달러를 만드는 경우의 수는?

7. 10원, 50원, 100원, 500원의 4종류의 동전을 이용하여 1000원을 지불하는 방법의 수를 구하시오.

8. 각 종류마다 네 개씩 있는 세 종류로 된 어떤 대상물이 있다. 이들로부터 6개를 선택하는 문제를 생성함수를 이용하여 구하시오.

9. 7가지의 서로 다른 모양의 인형이 있다. 각 모양의 인형을 2개에서 6개 사이의 수만큼 선택할 수 있을 때, 인형 25개를 선택하는 방법의 수를 구하시오.

10. 서로 다른 주사위 5개를 던졌을 때, 합이 17인 경우의 수는?

11. 다음 값을 구하시오.

(1) $\sum_{k=0}^{r} \binom{m}{k}\binom{n}{r+k}$

(2) $\sum_{k=0}^{n} k\binom{n}{k}^2$

(3) $\sum_{k=0}^{2m} (-1)^k \binom{n}{k}\binom{n}{2m-k}$

12. 문자 a, b, c가 무한히 많은데 적어도 2개의 a를 포함하여 4개를 선택하여 만든 문자열의 개수를 구하시오.

13. 3개의 서로 다른 방에 5명을 배치하려고 한다. 각 방에 적어도 한 명 이상 들어가게 배치하는 방법의 수를 구하시오.

14. (1) 0, 1, 2, 3에서 중복을 허용하여 r개를 나열하려고 한다. 0은 짝수 번, 1은 홀수 번만 사용하여 만든 숫자의 개수를 구하시오.

(2) 0, 1, 2, 3, 4, 5에서 중복을 허용하여 r개를 나열하려고 한다. 0은 짝수 번, 1은 홀수 번만 사용하고 2와 3의 개수의 합이 짝수인 숫자의 개수를 구하시오.

15. $\sum_{k=0}^{\infty}\left(\frac{1}{2}\right)^k\binom{k+n-1}{k}$을 간단히 하시오.

16. 숫자 0, 1, 2만을 이용하고 중복을 허용하여 r개를 나열하려고 한다.

(1) 0을 짝수 번만 사용하여 만든 숫자의 개수를 구하시오.

(2) 0을 짝수 번, 1을 짝수 번만 사용하여 만든 숫자의 개수를 구하시오.

(3) 어떤 숫자도 두 번만 나타나지 않는 숫자의 개수를 구하시오.

(4) 0과 1을 각각 양의 짝수 번만 사용하여 만든 숫자의 개수를 구하시오.

(5) 사용한 0과 1의 개수의 합이 짝수인 숫자의 개수를 구하시오.

17. $\sum_{k=0}^{n}\frac{n!}{(n-k+1)!(k+1)!}$을 간단히 하시오.

18. 1, 2를 써서 만들 수 있는 n자리 정수 중 1이 짝수개, 2가 1개 이상 들어 있는 수의 개수를 n에 관한 식으로 나타내시오.

19. $a_0=1,\ a_n=8a_{n-1}+10^{n-1},\ (n\geq 1)$으로 정의되는 수열의 일반항을 구하시오.

20. 만약

$$f(x)=\sum_{r=0}^{\infty} a_r \frac{x^r}{r!}, \quad g(x)=\sum_{r=0}^{\infty} b_r \frac{x^r}{r!}$$

이고,

$$h(x)=f(x)g(x)=\sum_{r=0}^{\infty} c_r \frac{x^r}{r!}$$

일 때,

$$c_r=\sum_{k=0}^{r}\binom{r}{k} a_k b_{r-k}$$

임을 증명하시오.

21. 6개의 서로 다른 인형을 3명의 아이들에게 분배하려고 한다. 첫 번째 아이에게는 인형을 적어도 2개 이상 주어서 분배하는 방법은 몇 가지인가?

22. (1) n개의 정사각형들로 이루어진 $1\times n$판을 빨간색, 파란색, 노란색으로 색칠하는데 빨간색으로 칠해진 정사각형의 수가 짝수인 경우의 수를 구하시오.
(2) n개의 정사각형들로 이루어진 $1\times n$판을 빨간색, 파란색, 노란색으로 색칠하는데 빨간색으로 칠해진 정사각형의 수가 짝수이고 파란색으로 칠해진 정사각형이 적어도 하나 있는 경우의 수를 구하시오.

23. 모든 자리수가 홀수이고 1과 3이 짝수번 나타나는 n자리 수의 개수를 구하시오.

24. 계수 a_r 이 다음과 같을 때, 그 생성함수를 구하시오.
(1) r
(2) r^2
(3) $r(r-1)(r-2)(r-3)$

25. 10원 짜리, 50원 짜리, 100원 짜리, 그리고 500원 짜리 동전이 있다. 10원 짜리는 적어도 한 개 이상, 500원 짜리는 홀수 개만 택하여 만든 $r-$순열은 개수는?

26. 생성함수를 이용하여 다음 합을 구하시오.

$$4 \cdot 3 \cdot 2 \cdot 1 + 5 \cdot 4 \cdot 3 \cdot 2 + \cdots + n(n-1)(n-2)(n-3)$$

27. $h(x)$가 a_r에 대한 생성함수라면 $h(x)(1-x)$에서 x^r의 계수는 무엇인가?

28. 다음 계수의 생성함수를 찾아보시오.

(1) $a_r = (r-1)^2$

(2) $a_r = \dfrac{1}{r}$

29. 정수 r을 서로 다른 자연수들의 합으로 표현하는 방법의 수 a_r에 관한 생성함수를 구하시오.

30. 1달러, 5달러, 10달러를 이용하여 r달러의 선물을 사는 방법의 수 a_r에 대한 생성함수를 구하시오.

31. 5개의 서로 다른 종류의 물건이 있다. 각 종류로부터 많아야 5개를 선택할 수 있을 때, r개의 물건을 선택하여 나열하는 방법의 수에 대한 지수생성함수를 찾아보시오.

32. 다음 계수에 대한 지수생성함수를 구하시오.

(1) $a_r = \frac{1}{r+1}$

(2) $a_r = r!$

33. 각 방에 2명에서 4명을 넣을 수 있는 6개의 서로 다른 방이 있다. r 명을 분배하는 방법의 수에 대한 지수생성함수를 구하시오.

34. $(x^3 + x^4 + x^5 + ...)^3$을 전개했을 때, x^{20}의 계수는?

35. $(1 + x + x^2 + ... + x^5)^4$을 전개했을 때,

(1) x^9의 계수는?

(2) x^{14}의 계수는?

Chapter 7

점화식(Recurrence Relation)

이 장에서는 점화식으로 모형화할 수 있는 문제의 다양한 예제를 살펴보고 점화식의 해를 구하는 몇 가지 방법에 대해서 논의한다. 특별히 선형동차 점화식의 완벽한 해법을 소개한다. 또한 생성함수의 방법을 이용하여 점화식을 해결하는 문제를 살펴본다.

7.1 점화식 만들기

일반적으로 점화식은 n개의 대상물들을 포함한 방법의 수를 계산하는데 n개 미만의 대상물들을 포함한 방법의 수들을 이용해서 구하는 귀납적인(recursive) 공식이라 할 수 있다.

다시 말하면, 만약 a_k가 $k=0,\ 1,\ 2,\ \cdots$에 대해 k개의 대상물들을 처리하는 방법의 수일 때 점화식은 n보다 작은 k에 대한 a_k들의 함수로 표현되는 a_n의 방정식이다. 예를 들어 점화식은 $a_n = 2a_{n-1}$와 같은 것이다. 다음의 방정식들은 앞으로 나올 점화식의 몇 가지 예이다.

$$a_n = c_1 a_{n-1} + c_2 a_{n-2} + \cdots + c_r a_{n-r} \quad (c_i\text{는 상수})$$

$$a_n = ca_{n-1} + f(n) \quad (f(n)\text{은 } n\text{의 함수})$$

$$a_n = a_0 a_{n-1} + a_1 a_{n-2} + \cdots + a_{n-1} a_0$$

$$a_{n,m} = a_{n-1,m} + a_{n-1,m-1}$$

단지 수학적 귀납법은 증가하는 n의 값에 대한 식을 귀납적으로 체크하는 증명 기법(proof technique)이다. 마찬가지로 점화식은 큰 n의 값에 대한 답을 귀납적으로 계산하는 개수 문제에 대한 계산 기법(counting technique)이다.

수학적 귀납법이 어떤 공식이나 증명의 처음 단계에서 n의 값이 가장 작은 초기 단계를 포함한다는 것을 기억하고 있을 것이다. 이것이 점화식에 대한 사실과 같다.

만약 초기값이 주어지지 않는다면 일반항 a_n은 귀납적 계산으로 구할 수 없을 것이다. r개의 a_k들을 포함하는 것이 점화식의 우변이라면 우리는 처음 r개의 a_0, a_1, a_2, $\cdots$, a_{r-1}값을 필요로 한다. 예를 들어, 점화식 $a_n = a_{n-1} + a_{n-2}$에서 알려진 것은 오직 $a_0 = 2$라면 이는 불충분하다. 만약 $a_1 = 3$이 더 주어진다면 우리는 점화식을 이용하여 다음과 같은 식을 계속해서 얻을 수 있다.

$$\begin{aligned}
a_2 &= a_1 + a_0 = 3 + 2 = 5, \\
a_3 &= a_2 + a_1 = 5 + 3 = 8, \\
a_4 &= a_3 + a_2 = 8 + 5 = 13, \\
a_5 &= a_4 + a_3 = 13 + 8 = 21, \\
&\vdots
\end{aligned}$$

점화식을 계산하는데 꼭 필요한 초기값을 초기조건(initial conditions)이라 한다.

만약 우리가 개수를 구하는 문제를 해결할 때, 초기조건을 결정하고 점화식을 구하는데 보통 크기의 n에 대해서는, 예를 들어 $n = 15$, a_n의 값을 귀납적으로 구하면 몇 분 내에 해를 구할 수 있다. n이 아주 큰 값이라면 계산기나 컴퓨터가 필요하다.

예제 7.1

일열로 n개의 서로 다른 대상물들을 나열하는 방법의 수에 대한 점화식을 찾아라. 8개의 대상물을 나열하는 방법의 수를 찾아라.

[풀이] n개의 대상물들을 나열하는 방법의 수를 a_n이라 놓자. 이 열에서 첫 번째 대상물을 나열하는 방법은 n가지 방법이 있다. 이제 선택은 남아있는 $n-1$개의 대상물을 어떻게 나열하느냐에 달려있다. 남은 $n-1$개의 대상물들을 나열하는 방법의 수는 a_{n-1}, 따라서 점화식은 $a_n = na_{n-1}$, 이 점화식을 귀납적으로 적용하면,

$$a_n = na_{n-1} = n[(n-1)a_{n-2}] = \cdots$$
$$= n(n-1)(n-2)\cdots 2 \cdot a_1 = n!a_1$$

1개의 대상물에 한가지 방법만이 있다. 그래서 $a_1 = 1$, 따라서 $a_n = n!$이므로 8개의 대상물에 대한 나열 방법의 수는

$$a_8 = 8! = 40320$$ ■

물론 n개의 대상물을 나열하는 방법의 수는 $n!$이라는 것을 안다. 이제 몇 가지 새로운 문제를 대하여 보자.

예제 7.2

어떤 요정이 n개의 계단을 오르는데, 각 걸음마다 한 계단이나 두 계단을 오를 수 있다. 요정이 n개의 계단을 오를 수 있는 서로 다른 방법의 수 a_n에 대해 점화식을 찾아라. 요정이 10개의 계단을 오르는 방법의 수를 구하라.

[풀이] 오를 수 있는 방법의 수는 $a_1 = 1$, $a_2 = 2$, $a_3 = 3$이라는 것을 쉽게 알 수 있다. $n = 4$인 경우 $1-1-1-1$, $2-1-1$, $1-2-1$, $1-1-2$, $2-2$이 있으므로 $a_4 = 5$가 된다.

이렇게 계단 오르는 방법을 나열하는 것 말고 다른 방법은 없을까? 먼저 첫 번째 오르는 경우는 한 계단 또는 두 계단을 오를 수 있다. 먼저 한 계단 오른 경우를 생각해 보면, 한 계단을 올라갔으므로 계단이 세 개가 남았다. 남은 세 계단을 오르는 방법은 a_3가지 방법이 있다. 만약 첫 번째 계단을 두 계단 올라갔다면 남은

두 계단을 오르는 방법은 a_2가지 방법이 남게 될 것이다. 따라서 $a_4 = a_3 + a_2$가 된다. 이 방법을 n에 대해 적용하면 $a_n = a_{n-1} + a_{n-2}$이다.

이 점화식을 이용하면

$$a_4 = 5,\ a_5 = 8,\ a_6 = 13,\ a_7 = 21,\ a_8 = 34,\ a_9 = 55$$

그리고 마침내

$$a_{10} = 89$$

따라서 요정이 10개의 계단을 오르는 방법의 수는 89가지이다. ■

7.2절에서 이 점화식에 대한 명확한 해를 얻는다.

점화식

$$a_n = a_{n-1} + a_{n-2}$$

를 **피보나치관계**(Fibonacci Relation)라 부른다. 초기조건 $a_0 = a_1 = 1$의 피보나치관계에 의해 형성되어진 수 a_n을 **피보나치 수**(Fibonacci Number)라고 부른다. 피보나치 수는 다음과 같다.

$$1,\ 1,\ 2,\ 3,\ 5,\ 8,\ 13,\ 21,\ 34,\ 55,\ 89,\ 144,\ 233,\ \cdots$$

이 피보나치 수열과 피보나치 관계는 조합수학의 많은 영역 및 자연계에서 자연스럽게 발생하고 이를 포함한 연구로 피보나치계간지(Fibonacci Quarterly)가 단독으로 나올 정도로 조합론에서 중요한 분야이다.

예제 7.3

어떤 종이에 n개의 직선을 그린다고 가정하자. 단, 두 개의 직선은 서로 교차해도 좋으나 세 개의 직선은 한 점에서 서로 교차해서는 안 된다. 이 종이에 n개의 직선을 그으면 몇 개의 영역이 생기는가?

[풀이] n값이 작은 것을 생각함으로 이 문제를 접근한다. 직선이 1개 일 때 이 종이는 2개의 영역으로 나누어진다. 2개의 직선일 때 이 종이는 4개의 영역으로 나누어진다. 즉, $a_2 = 4$이다. (그림 2에서 (a)를 보라.) 그림 2의 (b)로부터 우리는 $a_3 = 7$이라는 것을 알 수 있다.

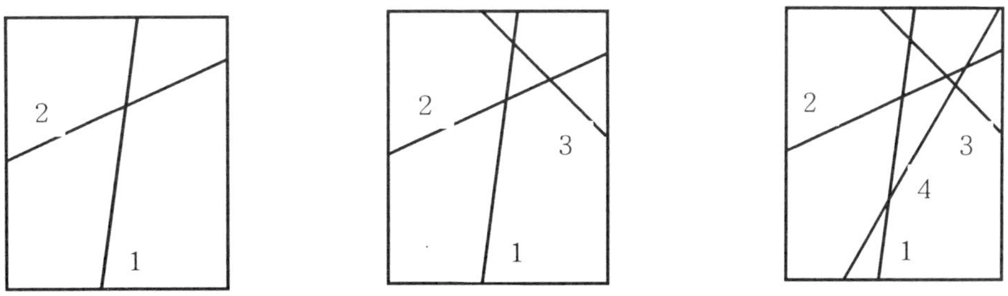

그림

2개의 선이 언제나 4개의 영역을 만들어 낸다는 것은 분명하다. 그러면 세 번째 선이 그려진 결과를 그림 2의 (b)에서 조사해 보자. 이 선은 다른 두 선들 각각을 서로 다른 점들에서 지나쳐야만 한다. 세 번째 선은 처음의 두 선들에 의해 만들어진 4개의 영역 중 3개의 영역을 이들 두 개의 교점들의 교점의 이전, 교점 사이 또는 교점 이후를 지나서 자르게 된다. 그래서 3개의 이전 영역이 6개의 영역이 되어서 3개의 새로운 영역이 생겼으므로 $a_3 = a_2 + 3 = 4 + 3 = 7$이 된다. 유사하게 네 번째 선을 그으면 새로운 영역이 4개 더 생기므로 $a_4 = a_3 + 4 = 7 + 4 = 11$이 된다.(그림 2의 (c) 참조)

일반적으로 n개의 직선에 의해 만들어진 영역의 개수 a_n은 점화식

$$a_n = a_{n-1} + n$$

을 만족한다.

이 점화식을 푸는데 간단한 다음 방법을 소개한다. 즉, 후진대입법(recursive backward substitution)은 다음과 같다.

점화식

$$a_n = a_{n-1} + n, \quad a_0 = 1$$

의 일반항은

$$\begin{aligned} a_n &= (a_{n-2} + n - 1) + n \\ &= (a_{n-3} + n - 2) + n - 1 + n \\ &\cdots\cdots \\ &= (a_0 + 1) + 2 + 3 + \cdots + n - 1 + n \\ &= 1 + \frac{n(n+1)}{2} \end{aligned}$$

■

예제 7.4

하노이의 탑(Tower of Hanoi)은 고리를 넣기에 알맞은 3개의 말뚝 A, B, C가 있고, 크기가 다른 원형 고리 n개로 구성된 게임이다. 가장 큰 고리가 바닥에 있고 크기 순서로 쌓아져 있어 가장 작은 것이 맨 위에 있다. 매 단계마다 작은 것이 큰 것에 대해 항상 위에 있어야 한다. 이때 A에 있는 고리 n개를 C에 옮길 수 있는 가장 작은 횟수에 대한 점화식을 구하여라.n개의 고리를 옮길 수 있는 가장 작은 횟수는?(단, B는 거쳐야 한다.)

[풀이] 10원, 50원, 100원, 500원 짜리 동전을 가지고 하노이 탑을 세운다고 생각해 보면 먼저 크기가 가장 작은 3개의 동전을 먼저 A에서 B로 옮겨 놓고 가장 큰 네 번째 동전을 A에서 C로 옮겨 놓은 다음 B에 있던 세 개의 동전을 다시 C에 옮겨 놓는 방법을 생각할 수 있다.

점화식을 만들어 보면 A에 있는 $n-1$개의 고리를 A에서 B로 옮기고, 그리고 가장 큰 고리를 A에서 C로 옮긴 후, B에 있는 $n-1$개의 고리를 C로 옮긴다. 만약 a_n이 n개의 고리를 A에서 C로 옮기는 방법의 수라고 하면,

$$a_n = a_{n-1} + 1 + a_{n-1} = 2a_{n-1} + 1$$

이다. 초기조건은 $a_1 = 1$, 그래서 다음을 얻는다.

$$a_2 = 2a_1 + 1 = 3,$$

$$a_3 = 2a_2 + 1 = 7,$$

$$a_4 = 2a_3 + 1 = 15,$$

$$a_5 = 2a_4 + 1 = 31,$$

$$a_6 = 2a_5 + 1 = 63.$$

이 경우 점화식의 해를 구하는 방법으로 점화식의 해를 추측하고 이를 수학적 귀납법으로 증명하는 것이 있다. 즉 앞의 예에서

$$a_n = 2^n - 1$$

임을 추측할 수 있다.특별히 이것은 $n=1$에 대해 참이다. 이 해를 a_{n-1}에 대해서 참이라고 가정하면 다음을 얻을 수 있다.

$$a_n = 2a_{n-1} + 1 = 2(2^{n-1} - 1) + 1 = 2^n - 2 + 1 = 2^n - 1$$

따라서 수학적 귀납법에 의해 모든 양의 정수 n에 대하여 $a_n = 2^n - 1$은 점화식의 일반항임을 알 수 있다. ■

예제 7.5

어떤 은행이 원금을 넣어두면 년 8퍼센트의 이자를 준다고 한다. 아래와 같은 경우 n년이 지난 후에 가질 수 있는 금액의 점화식을 구하라.

(1) 1000만원를 투자하고 n년이 지났을 때.

(2) 매년 말 100만원를 투자했을 때.

[풀이] (1) 이 문제의 점화식은 우리가 간단히 계산할 수 있다. n년이 지난 후에 가질 수 있는 금액을 a_n만원이라면

$$a_n = a_{n-1} + 0.08a_{n-1} = 1.08a_{n-1}$$

이 쉽게 보이기 때문이다. $a_0 = 1000$이 초기조건이다. 예를 들어, 1년 동안 넣어 둔다면

$$a_1 = a_0 + 0.08a_0 = 1000 + 0.08 \cdot 1000 = 1080$$

이 되는 것이다.

(2) 매년 말에 100만원을 저축한다고 했으므로

$$a_n = 1.08a_{n-1} + 100, \ a_0 = 0$$ ■

예제 7.6

수 012를 포함하지 않는 n자리 3진법수의 개수 a_n에 대한 점화식을 구하라. (단, 첫 자리수가 0인 것도 허용한다.)

[풀이] 물론 3진법수(ternary number)는 0, 1, 2로 구성된다. n자리 3진법수의 첫 자리수가 1이나 2면 나머지 $n-1$자리에서 가능한 3진법수의 개수는 a_{n-1}이 되고, 만약 n자리 3진법수의 첫 자리수가 0이면 나머지 $n-1$자리에서 앞에 12가 나오는 경우만 제외하면 된다. 즉 $a_{n-1} - a_{n-3}$개의 3진법수가 가능하다. 따라서 구하는 점화식은

$$a_n = a_{n-1} + a_{n-1} + (a_{n-1} - a_{n-3}) = 3a_{n-1} - a_{n-3}$$

물론 초기조건은

$$a_1 = 3,\ a_2 = 9,\ a_3 = 26$$ ■

예제 7.7

(1) 0이 짝수개인 n자리 2진수 수열의 개수를 구하라.

(2) 0과 1이 각각 짝수개인 n자리 3진수 수열의 개수에 대한 점화식을 구하라. (단 첫 자리수가 0인 것도 허용한다.)

[풀이] (1) 다시 앞에서 사용한 계단 오르는 과정의 첫 단계를 이용한다. 만약 이 수열이 한 개의 1로 시작한다면 남아있는 $(n-1)$자리수에 짝수개의 0을 요구하고 이 수열이 한 개의 0으로 시작한다면 남아있는 $(n-1)$자리수는 홀수개의 0을 요구한다. 그러한 0이 홀수개인 $(n-1)$자리수 수열에 0이 짝수개인 $(n-1)$자리수 수열을 더하면 모두 2^{n-1}개의 $(n-1)$자리수 수열이 되므로 0이 홀수개인 $(n-1)$자리수 수열은 $2^{n-1} - a_{n-1}$개가 된다.

따라서

$$a_n = a_{n-1} + (2^{n-1} - a_{n-1}) = 2^{n-1}$$

이다. 다시 말하면, 모든 $(n-1)$자리수는 만약 수열이 홀수개의 0을 가지면 앞에 한 개의 0을 더한 것에 의해, 만약 수열이 이미 짝수개의 0을 가지면 앞에 한 개의 1을 더한 것에 의해 짝수개의 0을 가진 n자리수 수열을 만들 수 있다.

(2) 다음으로 우리는 3진수 수열에서 짝수개의 0들과 짝수개의 1들을 가진 경우를 생각해 보자. 우선 짝수개의 1들과 짝수개의 0들을 가진 n자리 3진수열의 개수를 a_n이라 하고, b_n은 홀수개의 1들과 짝수개의 0들의 n자리 3진수열의 개수, 그리고 c_n은 짝수개의 1들과 홀수개의 0들의 n자리 3진수열의 개수라 하자. 이제 a_n, b_n, c_n에 대한 연립 점화식을 세우려고 한다.

이때 $3^n - a_n - b_n - c_n$은 홀수개의 1들과 홀수개의 0들의 n자리 3진수열들의 수임을 주목하자. 이제 우리는 짝수개의 1들과 짝수개의 0들의 n자리 3진수열에서 첫째 자리가 0이면 나머지 $(n-1)$자리 수열의 개수는 b_{n-1}, 첫째 자리가 1이면 나머지 $(n-1)$자리 수열의 개수 c_{n-1}, 그리고 첫째 자리가 2이면 나머지 $(n-1)$자리 수열의 개수 a_{n-1}이다. 그러므로

$$a_n = b_{n-1} + c_{n-1} + a_{n-1}$$

이다. 같은 방법으로

$$\begin{aligned} b_n &= a_{n-1} + (3^{n-1} - a_{n-1} - b_{n-1} - c_{n-1}) + b_{n-1} \\ &= 3^{n-1} - c_{n-1} \end{aligned}$$

그리고

$$\begin{aligned} c_n &= a_{n-1} + (3^{n-1} - a_{n-1} - b_{n-1} - c_{n-1}) + c_{n-1} \\ &= 3^{n-1} - b_{n-1} \end{aligned}$$

초기조건은 $a_1 = b_1 = c_1 = 1$. 이제 a_n에 대한 점화식을 구하기 위해선 b_n, c_n을 동시에 계산해야만 한다. ■

7.2 선형동차점화식의 해법

이 절에서는 다음과 같은 형태의 점화식을 해결하는 방법을 살펴보겠다.

$$a_n = c_1 a_{n-1} + c_2 a_{n-2} + \cdots + c_r a_{n-r} \tag{1}$$

위 식(1)에서 c_i들은 주어진 상수이다. 이러한 점화식을 푸는 간단한 방법이 존재한다. 상수의 계수를 갖는 선형미분방정식을 공부한 독자라면 우리가 선형미분방정식을 푸는 그 이론과 여기서 보여줄 이론과 상당한 유사성이 있을 것이다. 일반적으로 식 (1)에 관한 해는 $a_n = \alpha^n$ 형식의 해들의 합을 포함할 것이다. α가 무엇인가 결정하기 위하여 식 (1)에서 a_k대신에 α^k를 대입하기만 하면되고 대입하면 아래의 식을 얻는다.

$$\alpha^n = c_1 \alpha^{n-1} + c_2 \alpha^{n-2} + \cdots + c_r \alpha^{n-r} \tag{2}$$

양변을 α^{n-r}으로 나누면 다음을 얻을 수 있다.

$$\alpha^r = c_1 \alpha^{r-1} + c_2 \alpha^{r-2} + \cdots + c_r \tag{3}$$

즉,

$$\alpha^r - c_1\alpha^{r-1} - c_2\alpha^{r-2} - \cdots - c_r = 0 \tag{4}$$

식 (4)는 점화식 (1)의 **특성방정식**(characteristic equation)이라고 불리운다. 또한 식 (4)의 근을 **특성근**(characteristic roots)이라 한다. 식 (4)는 r개의 근(중근 포함)을 가지며 그 중에서는 복소수의 근도 포함할 수 있다.

만약 $\alpha_1, \alpha_2, \cdots, \alpha_r$ 이 식 (4)의 r개의 근이라면 $a_n = \alpha_i^n$은 점화식 (1)의 해가 된다. 그러한 해의 선형합 또한 해가 된다는 것은 파악하기 쉽다. 다시 말하면,

$$a_n = A_1\alpha_1^n + A_2\alpha_2^n + \cdots + A_r\alpha_r^n \tag{5}$$

은 상수들 $A_i(1 \leq i \leq r)$의 어떤 선택에서도 식 (1)의 해가 된다.

$a_{n-1}, a_{n-2}, \cdots, a_{n-r}$을 포함한 처음의 점화식으로 돌아가 보면, 첫 번째 r개의 값들 $a_0, a_1, a_2, \cdots, a_{r-1}$이 초기조건으로 필요하다. 그러면 각각의 $a_k(0 \leq k \leq r-1)$에 대하여 다음과 같은 r개의 방정식을 얻는다.

$$a_k = A_1\alpha_1^k + A_2\alpha_2^k + \cdots + A_r\alpha_r^k,\ 0 \leq k \leq r-1 \tag{6}$$

식 (6)은 r개의 상수 A_i에 대하여 해결될 수 있다. A_i들이 결정되면 a_n에 대하여 식 (4)를 만족하면서 점화식 (1)을 만족하며 초기조건 $a_0, a_1, \cdots, a_{r-1}$을 만족하는 해를 구할 수 있을 것이다.

특성방정식 (4)의 해가 중복수 m인 중근 α를 가진다면 선형미분방정식의 해법과 유사한 방법으로 $\alpha^n, n\alpha^n, n^2\alpha^n, \cdots, n^{m-1}\alpha^n$은 식 (5)에서 사용되어질 개별적인 해들이다.

선형동차 점화식의 해가 위와 같은 방법으로 유일하게 결정됨을 증명하는 증명은 여기서 생략한다.

예제 7.8

매년 토끼는 두 배로 증가하고 있다. 처음에 여섯 마리의 토끼로 시작했다. 8년 후에는 몇 마리의 토끼를 가지고 있을까? 혹은 n년 후에는?

[풀이] a_n이 n년 후 토끼의 수라면 $a_n = 2a_{n-1}$의 점화식을 만족한다. 또한 $a_0 = 6$이다. $a_n = \alpha^n$을 대입하면 $\alpha^n = 2\alpha^{n-1}$을 얻고, α^{n-1}으로 나누어 $\alpha = 2$를 얻는다. 그래서 $a_n = 2^n$은 하나의 특수해이고, $a_n = A_1 2^n$은 일반해이다. 초기조건은 $6 = a_0 = A_1 2^0$, 또는 $A_1 = 6$이다. 우리가 원하는 해는 $a_n = 6 \cdot 2^n$이고 8년 후에는 $a_8 = 6 \cdot 2^8 = 6 \cdot 256 = 1536$마리의 토끼가 된다. ■

예제 7.9

점화식 $a_n = 2a_{n-1} + 3a_{n-2}$ $(a_0 = a_1 = 1)$을 풀어라.

[풀이] $a_n = \alpha^n$이라 놓으면 방정식 $\alpha^n = 2\alpha^{n-1} + 3\alpha^{n-2}$ 을 구할 수 있고, 양변을 α^{n-2}로 나누면 $\alpha^2 = 2\alpha + 3$을 얻는다.

이것은 $\alpha^2 - 2\alpha - 3 = 0$, 또는 $(\alpha - 3)(\alpha + 1) = 0$으로 쓰여질 수 있다. 다시 말하면 특성근은 3과 -1이다. 따라서 점화식의 기본해는 $a_n = 3^n$과 $a_n = (-1)^n$이고, 일반해는

$$a_n = A_1 3^n + A_2 (-1)^n$$

이다. 이제 초기조건을 이용하여 A_1, A_2를 결정한다.

$$1 = a_0 = A_1 3^0 + A_2 (-1)^0 = A_1 + A_2$$

$$1 = a_1 = A_1 3^1 + A_2 (-1)^1 = 3A_1 - A_2$$

우리는 두 식을 이용하여 $a_n = \frac{1}{2} 3^n + \frac{1}{2}(-1)^n$을 얻는다. ■

예제 7.10

7.1절의 예제 2에서 요정이 n개의 계단을 오르는 서로 다른 방법의 수에 대한 일반항을 구하라.

[풀이] 7.1절의 예제 2에서 얻어진 점화식은 초기조건이 $a_1 = 1$, $a_2 = 2$ 일 때, $a_n = a_{n-1} + a_{n-2}$이다. 특성방정식을 구하기 위해 $a_n = \alpha^n$으로 놓으면,

$$\alpha^n = \alpha^{n-1} + \alpha^{n-2}$$

즉, $\alpha^2 = \alpha + 1$ 또는 $\alpha^2 - \alpha - 1 = 0$

근의 공식을 이용하면 다음을 얻게 된다.

$$\alpha = \frac{1 \pm \sqrt{5}}{2}$$

다시 말하면, 특성근 $\frac{1+\sqrt{5}}{2}$와 $\frac{1-\sqrt{5}}{2}$를 얻고, 일반해는

$$a_n = A_1\left(\frac{1+\sqrt{5}}{2}\right)^n + A_2\left(\frac{1-\sqrt{5}}{2}\right)^n$$

이다.

A_1, A_2를 결정하기 위해, 초기조건 $a_1 = 1$, $a_2 = 2$를 이용하면 구하는 일반해는

$$a_n = \frac{1}{\sqrt{5}}\left[\left(\frac{1+\sqrt{5}}{2}\right)^{n+1} - \left(\frac{1-\sqrt{5}}{2}\right)^{n+1}\right]$$

이다. ■

이는 피보나치 수열

1, 1, 2, 3, 5, 8, 13, 21, 34, 55, 89, $\cdots$

로서 $\frac{1+\sqrt{5}}{2}$와 $\frac{1-\sqrt{5}}{2}$를 거듭제곱해서 뺀 후 $\sqrt{5}$로 나눈 것인데 정수라는 사실이 놀랍다.

아래의 예제는 복소수와 중근을 특성방정식의 해로 가진 점화식의 해를 구하는 경우에 해당한다.

예제 7.11

초기조건 $a_0 = 0$, $a_1 = 1$, $a_2 = 2$, $a_3 = 3$이 점화식

$$a_n = -2a_{n-2} - a_{n-4}$$

을 만족하는 a_n에 대한 일반항을 구하라.

[풀이] $a_n = \alpha^n$을 대입하면 $\alpha^n = -2\alpha^{n-2} - \alpha^{n-4}$이 되고 특성방정식을 구하면 $\alpha^4 + 2\alpha^2 + 1 = (\alpha^2 + 1)^2 = 0$을 얻을 수 있다. 이 방정식의 근은 $\alpha = i$와 $\alpha = -i$ (단, $i = \sqrt{-1}$)이고 각각의 근은 2중근을 갖는다. 따라서 일반해는

$$a_n = A_1 i^n + A_2 n i^n + A_3 (-i)^n + A_4 n(-i)^n$$

이다.

초기조건을 넣어 식을 구하면

$$\begin{aligned} 0 = a_0 &= A_1 i^0 + A_2 0 i^0 + A_3 (-i)^0 + A_4 0 (-i)^0 \\ &= A_1 + A_3 \end{aligned}$$

$$\begin{aligned} 1 = a_1 &= A_1 i^1 + A_2 1 i^1 + A_3 (-i)^1 + A_4 1 (-i)^1 \\ &= i(A_1 + A_2 - A_3 - A_4) \end{aligned}$$

$$\begin{aligned} 2 = a_2 &= A_1 i^2 + A_2 2 i^2 + A_3 (-i)^2 + A_4 2 (-i)^2 \\ &= -A_1 - 2A_2 - A_3 - 2A_4 \end{aligned}$$

$$\begin{aligned} 3 = a_3 &= A_1 i^3 + A_2 0 i^3 + A_3 (-i)^3 + A_4 3 (-i)^3 \\ &= i(-A_1 - 3A_2 + A_3 + 3A_4) \end{aligned}$$

4개의 미지수 A_i 들과 4개의 방정식에 대해 식을 풀면 다음을 얻을 수 있다.

$$A_1 = -\frac{3}{2}i,\ A_2 = -\frac{1}{2} + i,\ A_3 = \frac{3}{2}i,\ A_4 = -\frac{1}{2} - i$$

그러면 점화식의 해는

$$a_n = -\frac{3}{2} i^{n+1} + \left(-\frac{1}{2} + i\right) n i^n + \frac{3}{2} i (-i)^n + \left(-\frac{1}{2} - i\right) n(-1)^n$$

이다. ■

만약 위의 예제에서 a_{12}를 구하려고 한다면 여러분은 방금 구한 해에 12를 대입하는 것보다 오히려 처음에 주어진 점화식에 거듭해서 대입함으로써 구하는 것이 쉽다는 것을 알게 된다.

예제 7.12

초기조건 $a_1 = a_2 = 1$이 점화식

$$a_n = 4a_{n-1} - 4a_{n-2}$$

을 만족하는 a_n에 대한 공식을 구하라.

[풀이] 특성방정식을 구하기 위해 $a_n = \alpha^n$으로 놓으면,

$$\alpha^n = 4\alpha^{n-1} - 4\alpha^{n-2}$$

즉 $\alpha^2 = 4\alpha - 4$ 또는 $\alpha^2 - 4\alpha + 4 = 0$

특성근 2는 2중근이다. 일반해는

$$a_n = A2^n + Bn \cdot 2^n$$

이다.

초기조건 $a_1 = a_2 = 1$에 의해

$$A = \frac{3}{4},\ B = -\frac{1}{4}$$

얻으므로 구하는 일반해는

$$a_n = 2^{n-2}(3-n)$$ ■

이 절에서 끝으로 비동차 점화식의 해법을 약간 설명해 보자. 앞에서 식 (1)과 같은 경우를 상수계수를 가진 선형동차 점화식이라고 부른다. 예를 들어 n에 관한 함수나 상수처럼 부가적인 항이 아래처럼 점화식에서 나타날 때, 이 점화식을 비동차 점화식이라고 부른다.

$$a_n = ca_{n-1} + f(n) \tag{7}$$

여기서 c는 상수이고 $f(n)$은 n의 함수이다.

이제 (7)의 형태와 같은 비동차 점화식의 해를 구하는 것에 대한 방법을 논의하겠다. 이러한 점화식을 푸는 주된 생각은 비동차 점화식에 관한 일반해가 $f(n)$항을 제거해서 얻어진 동차 점화식의 일반해와 주어진 비동차 점화식의 특수해를 더해서 일반해를 만드는 것에 있다

식 (7)에 대해서 동차 점화식은 $a_n = ca_{n-1}$이고 그 일반해는 $a_n = Ac^n$을 만족한다. 만약 a_n^*가 식 (7)의 특수해라고 가정하면 즉, $a_n^* = ca_{n-1}^* + f(n)$이라면 일반해

$a_n = Ac^n + a_n^*$ 은 아래에서 보는 바와 같이 식 (7)을 만족한다는 것을 알 수 있다.

$$\begin{aligned} a_n &= Ac^n + a_n^* \\ &= (c \cdot Ac^{n-1}) + (ca_{n-1}^* + f(n)) \\ &= c(Ac^{n-1} + a_{n-1}^*) + f(n) = ca_{n-1} + f(n) \end{aligned}$$

일반해에서 상수 A는 앞에서와 같이 초기조건을 만족하도록 선택하면 된다.

예제 7.13

7.1절에 있는 예제 4의 하노이의 탑에서 n개의 고리를 모두 옮기는 최소의 수에 대해 얻어진 $a_1 = 1$, $a_n = 2a_{n-1} + 1$의 점화식의 해를 구하라.

[풀이] 동차 점화식 $a_n = 2a_{n-1}$의 일반해는 $a_n = A2^n$이다. $a_n^* = B$라고 놓으면 비동차 점화식의 특수해는 다음과 같다.

$$B = a_n^* = 2a_{n-1}^* + 1 = 2B + 1 \text{ 또는 } B = -1$$

그래서 $a_n^* = -1$은 특수해이고, 일반해는

$$a_n = A2^n + a_n^* = A2^n - 1$$

이다. 이제 초기조건 $1 = a_1 = A2^1 - 1$, 또는 $2 = 2A$로부터 A를 결정할 수 있다. 그러므로 $A = 1$이다. 구하는 해는 $a_n = 2^n - 1$이다. ■

7.3 생성함수를 이용한 해법

a_n에 대한 대부분의 점화식은 생성함수

$$g(x) = a_0 + a_1 x + \cdots + a_n x^n + \cdots$$

를 포함하는 방정식으로 변환시킬 수 있다. 이 $g(x)$에 관한 함수방정식은 종종 대수적으로 풀려질 수 있고, x^n의 계수 a_n을 얻기 위한 멱급수로 확장된 $g(x)$에 대하여 표현된 결과이다. 함수방정식의 몇 가지 대수적인 기법은 독자들에게 새롭게 느껴질지도 모른다.

우리는 $g(x)$를 y처럼 하나의 변수로서 취급하고 x에 관한 다른 함수들은 상수로서 취급한다.

예를 들어, 함수방정식 $g(x)=x^2g(x)-2x$는 방정식 $g(x)(1-x^2)=-2x$로 다시 써서 풀려질 수 있고, 그러므로 이것은 $g(x)=-2x(1-x^2)^{-1}$이다. 또한 $g(x)$에 관한 이차방정식으로 주어져 있으면 함수방정식은 보통 우리가 방정식 $ay^2+by+c=0$에서 적용했던 것처럼 근의 공식에 의해서 풀려질 수 있다.

예를 들어,

$$(1-x^2)[g(x)]^2-4xg(x)+4x^2=0 \tag{1}$$

의 경우 $a=1-x^2$, $b=-4x$, $c=4x^2$이다. 직관적으로 x의 특별한 값 각각에 대하여 $g(x)$는 식 (1)의 해이다. 그러면 근의 공식에 의해서

$$g(x)=\frac{1}{2(1-x^2)}[4x\pm\sqrt{16x^2-16x^2(1-x^2)}]=\frac{1}{2(1-x^2)}(4x\pm 4x^2)$$

그래서$g(x)=2(x+x^2)/(1-x^2)$ 또는 $2(x-x^2)/(1-x^2)$이다. 만약 두 개의 가능한 해가 존재한다면, a_n에 대한 생성함수로서 (초기조건 a_0에 대한 정확한 값을 갖는 멱급수 전개로서) 단지 하나만 의미가 있다.

이제 a_n에 대한 점화식이 생성함수에 대한 함수방정식으로 어떻게 전환되어질 수 있는지를 예제를 통해 살펴보자.

예제 7.14

$g(x)=a_0+a_1x+\cdots+a_nx^n+\cdots$에 대한 함수방정식이 2.1절의 예제 3에서 얻어진 $a_0=1$일 때 점화식 $a_n=a_{n-1}+n$을 만족한다면 이때의 함수방정식을 찾아라. 함수방정식을 찾고 a_n을 구하기 위해서 $g(x)$를 전개하자.

[풀이] a_0를 제외한 $g(x)$의 모든 항에 대하여 이 점화식을 이용하면,

$$a_nx^n=a_{n-1}x^n+nx^n,\ n\geq 1$$

각 항을 더해서 다음과 같이 쓸 수 있다.

$$g(x)-a_0=\sum_{n=1}^{\infty}a_n x^n=\sum_{n=1}^{\infty}(a_{n-1}x^n+nx^n) \tag{2}$$

$$=x\sum_{n=1}^{\infty}a_{n-1}x^{n-1}+\sum_{n=1}^{\infty}nx^n \tag{3}$$

$$=x\sum_{n=0}^{\infty}a_m x^m+\sum_{n=0}^{\infty}\binom{n}{1}x^n \tag{4}$$

$$=xg(x)+\frac{x}{(1-x)^2} \tag{5}$$

식 (3)은 식 (2)에서 $a_{n-1}x^n$을 $xa_{n-1}x^{n-1}$으로 다시 쓰고 각 항의 합에서 두 개의 x^n항의 합으로 쪼개지는 것에 의해서 쓰여졌다. 식 (4)는 식 (3)의 첫 번째 합에서 $m=n-1$로 치환하고 두 번째 합에서는 유령항 $0x^0$항을 더하고 $\binom{n}{1}$처럼 n을 다시 나타냄으로써 만들어졌다. 첫 번째 급수는 $g(x)$에 x를 곱한 것이다. 두 번째 급수는 1.1절의 다항전개식 (5)에서 나타난 공식에 의해 얻어진 생성함수이다. 식 (5)와 $g(x)-a_0$는 같고 $a_0=1$을 넣으면 $g(x)$에 대한 함수방정식을 얻는다.

$$g(x)-1=xg(x)+\frac{x}{(1-x)^2} \tag{6}$$

$g(x)$에 대해서 풀면 식 (6)은 다음과 같이 다시 쓸 수 있다.

$$g(x)-xg(x)=1+\frac{x}{(1-x)^2}$$

즉,

$$g(x)=\frac{1}{1-x}+\frac{x}{(1-x)^3}$$

$(1-x)^{-1}$에서 x^n의 계수는 단지 1이고 $x(1-x)^{-3}$은

$$\binom{(n-1)+3-1}{n-1}=\binom{n+1}{n-1}=\binom{n+1}{2}$$

이다. 그러면

$$g(x)=\sum_{n=0}^{\infty}1x^n+\sum_{n=0}^{\infty}\binom{n+1}{2}x^n$$

$$=\sum_{n=0}^{\infty}\left[1+\binom{n+1}{2}\right]x^n$$

이므로, 따라서 $a_n = 1 + \binom{n+1}{2}$이다. 이는 1.1절의 예제 3에서 이 점화식에 대해 얻어진 것과 같은 답이다. ■

예제 7.15

초기조건이 $a_0 = 1$, $a_1 = -2$인 점화식 $a_n = 5a_{n-1} - 6a_{n-2}(n \geq 2)$을 풀어라.

[풀이] $a_0, a_1, \cdots, a_n, \cdots$에 대한 생성함수를 $g(x) = a_0 + a_1x + a_2x^2 + \cdots + a_nx^n + \cdots$라 하자. 그러면 다음 방정식을 갖는다.

$$\begin{aligned} g(x) &= a_0 + a_1x + a_2x^2 + \cdots + a_nx^n + \cdots \\ -5xg(x) &= -5a_0x - 5a_1x^2 - \cdots - 5a_{n-1}x^n - \cdots \\ 6x^2g(x) &= 6a_0x^2 + \cdots + 6a_{n-2}x^n + \cdots \end{aligned}$$

이 세 방정식을 더하면

$$\begin{aligned} (1-5x+6x^2)g(x) &= a_0 + (a_1 - 5a_0)x + (a_2 - 5a_1 + 6a_0)x^2 + \cdots \\ &\quad + (a_n - 5a_{n-1} + 6a_{n-2})x^n + \cdots \end{aligned}$$

그런데 $a_n = 5a_{n-1} - 6a_{n-2}(n \geq 2)$, $a_0 = 1$, $a_1 = -2$이므로

$$(1-5x+6x^2)g(x) = 1 - 7x$$

따라서

$$g(x) = \frac{1-7x}{1-5x+6x^2} = \frac{c_1}{1-2x} + \frac{c_2}{1-3x}$$

그런데

$$c_1 + c_2 = 1, \quad -3c_1 - 2c_2 = -7$$

이므로

$$c_1 = 5, \quad c_2 = -4$$

따라서

$$g(x) = \frac{5}{1-2x} - \frac{4}{1-3x}$$

이므로

$$g(x) = 5(1 + 2x + 2^2x^2 + \cdots + 2^nx^n + \cdots)$$

$$-4(1+3x+3^2x^2+\cdots+3^nx^n+\cdots)$$

$$=1+(-2)x+(-15)x^2+\cdots+(5\times2^n-4\times3^n)x^n+\cdots$$

따라서 구하는 일반해는

$$a_n=5\times2^n-4\times3^n \quad (n\geqq 0)$$

이다. ■

예제 7.16

생성함수 $g_n(x)=\sum_{k=0}^{n}a_{n,k}x^k=\sum_{k=0}^{n}(a_{n-1,k}x^k+a_{n-1,k-1}x^k)$ 가 관련된 함수 방정식을 구하고 $a_{n,k}$에 대한 공식을 구하라.

[풀이] $g_n(x)=\sum_{k=0}^{n}a_{n,k}x^k$

$$=\sum_{k=0}^{n}(a_{n-1,k}x^k+a_{n-1,k-1}x^k)$$

$$=\sum_{k=0}^{n}a_{n-1,k}x^k+x\sum_{k=0}^{n}a_{n-1,k-1}x^{k-1}$$

$$=g_{n-1}(x)+xg_{n-1}(x)$$

$$=(1+x)g_{n-1}(x)$$

따라서,

$$g_n(x)=(1+x)^ng_0(x)=(1+x)^n$$

(여기서 $g_0(x)=a_{0,0}=1$).

그러므로 이항정리에 의해

$$a_{n,k}=\binom{n}{k}$$ ■

예제 7.17

n개의 수의 곱 $k_1\cdot k_2\cdot\cdots\cdot k_n$ 을 계산기로 곱할 때 괄호를 치는 방법의 수 a_n에 대한 점화식을 구하고, 생성함수를 이용하여 일반항 a_n을 구하라.

[풀이] 먼저 $n=2$, 3에 대해서는 쉽게 구할 수 있다.즉 $a_2=1$, $a_3=2$. 그리고 a_0, a_1의 경우는 명확하지 않으나, 편의상 $a_0=0$, $a_1=1$라 놓자. 이제 주어진 n개의 수를 곱할 때 마지막 곱셈은 다음과 같은 두 괄호의 곱으로 표현된다.

$$(k_1 \cdot k_2 \cdot \cdots\cdots \cdot k_i) \cdot (k_{i+1} \cdot k_{i+2} \cdot \cdots\cdots \cdot k_n)$$

여기서 i는 1부터 $n-1$까지의 범위이다. 따라서 구하는 점화식은

$$a_n = a_1 a_{n-1} + a_2 a_{n-2} + \cdots + a_i a_{n-i} + \cdots + a_{n-1} a_1$$

만약

$$\begin{aligned} g(x) &= a_0 + a_1 x + \cdots + a_n x^n + \cdots \\ &= 0 + 1x + a_2 x + \cdots + a_n x^n + \cdots \end{aligned}$$

라 놓으면

$$g(x)g(x) = (0 + a_1 x + \cdots + a_n x^n + \cdots)^2$$

그리고

$$\begin{aligned} g(x) - x &= \sum_{n=2}^{\infty} a_n x^n \\ &= \sum_{n=2}^{\infty} (a_1 a_{n-1} + a_2 a_{n-2} + \cdots + a_{n-1} a_1) x^n \\ &= (g(x))^2 \end{aligned}$$

즉, 함수방정식 $[g(x)]^2 - g(x) + x = 0$을 풀면,

$$g(x) = \frac{1}{2}(1 \pm \sqrt{1-4x})$$

그런데 $a_0 = 0$ 즉 $g(0) = 0$이므로

$$g(x) = \frac{1}{2} - \frac{1}{2}\sqrt{1-4x}$$

일반화된 이항계수를 이용한 이항정리에서

$$\begin{aligned} (1+x)^r &= \sum_{n=0}^{\infty} \binom{r}{n} x^n \\ &= \binom{r}{0} + \binom{r}{1} x + \binom{r}{2} x^2 + \cdots + \binom{r}{n} x^n + \cdots \end{aligned} \qquad (7)$$

여기서, r은 실수이고 일반화된 이항계수는 다음과 같다.

$$\binom{r}{n} = \frac{r(r-1)(r-2)\cdots[r-(n-1)]}{n!}, \quad \binom{r}{0} = 1$$

그러므로식 (7)을 이용하여 $(1-4x)^{\frac{1}{2}}$을 전개하면 x^n의 계수는

$$\binom{\frac{1}{2}}{n}(-4)^n = \frac{\left(\frac{1}{2}\right)\left(-\frac{1}{2}\right)\left(-\frac{3}{2}\right)\cdots\left(-\frac{1}{2}(2n-3)\right)}{n!}(-4)^n$$

$$= \frac{-1\cdot 1\cdot 3\cdot 5\cdots\cdots(2n-3)}{n!}2^n$$

$$=-\frac{2}{n}\binom{2n-2}{n-1}$$

따라서 $g(x)=\frac{1}{2}-\frac{1}{2}(1-4x)^{\frac{1}{2}}$에서 x^n의 계수는

$$a_n=\frac{1}{n}\binom{2n-2}{n-1},\quad n\geq 1$$

이다. ■

위에서 구한 $C_n=\frac{1}{n+1}\binom{2n}{n}$은 조합수학 여러 곳에서 등장하는 유명한 **카탈란 수** (Catalan number)이다.

예제 7.18

7.1절의 예제 7 (2)에서 얻어진 연립점화식의 해를 구하는데 생성함수를 이용하여라.

[풀이] 주어진 연립점화식은 다음과 같다.

$$a_n=a_{n-1}+b_{n-1}+c_{n-1},$$

$$b_n=3^{n-1}-c_{n-1},$$

$$c_n=3^{n-1}-b_{n-1}$$

그리고

$$a_1=b_1=c_1=1$$

$A(x)$, $B(x)$, $C(x)$를 a_n, b_n, c_n에 대한 각각의 생성함수가 된다고 하자. 우리는 다음의 함수방정식을 얻을 수 있다.

$$A(x) - a_0 = \sum_{n=1}^{\infty} a_n x^n$$

$$= \sum_{n=1}^{\infty} a_{n-1} x^n + \sum_{n=1}^{\infty} b_{n-1} x^n + \sum_{n=1}^{\infty} c_{n-1} x^n$$

$$= xA(x) + xB(x) + xC(x)$$

$$B(x) - b_0 = \sum_{n=1}^{\infty} b_n x^n$$

$$= \sum_{n=1}^{\infty} 3^{n-1} x^n - \sum_{n=1}^{\infty} c_{n-1} x^n$$

$$= x(1-3x)^{-1} - xC(x)$$

$$C(x) - c_0 = \sum_{n=1}^{\infty} c_n x^n$$

$$= \sum_{n=1}^{\infty} 3^{n-1} x^n - \sum_{n=1}^{\infty} b_{n-1} x^n$$

$$= x(1-3x)^{-1} - xB(x)$$

여기서 점화식과 초기조건을 이용하여 a_0, b_0, c_0를 구해보면 $1 = b_1 = 3^0 - c_0$, 즉 $c_0 = 0$ 마찬가지로 $b_0 = 0$, $a_0 = 1$ 따라서

$$A(x) - 1 = xA(x) + xB(x) + xC(x)$$

또는

$$A(x) = \frac{x}{1-x}(B(x) + C(x)) + \frac{1}{1-x} \tag{8}$$

$$B(x) = x(1-3x)^{-1} - xC(x) \tag{9}$$

$$C(x) = x(1-3x)^{-1} - xB(x) \tag{10}$$

식 (9), (10)을 이용하여 $B(x)$를 구해보면

$$B(x) = x(1-3x)^{-1} - xC(x)$$

$$= x(1-3x)^{-1} - (x^2(1-3x)^{-1} - x^2 B(x))$$

$$B(x)(1-x^2) = (x-x^2)(1-3x)^{-1}$$

$$B(x) = \frac{(1-x)x}{(1-x^2)(1-3x)} = \frac{x}{(1+x)(1-3x)}$$
$$= \frac{\frac{1}{4}}{1-3x} - \frac{\frac{1}{4}}{1+x}$$

따라서 $B(x)$에서 x^n의 계수를 구하면

$$b_n = \frac{1}{4}[3^n - (-1)^n]$$

마찬가지로, $C(x)$에서 x^n의 계수를 구하면

$$c_n = \frac{1}{4}[3^n - (-1)^n]$$

이제 식 (8)에서 $A(x)$를 구하면

$$A(x) = \frac{x}{1-x}(B(x) + C(x)) + \frac{1}{1-x}$$
$$= \frac{2x}{1-x}\left(\frac{\frac{1}{4}}{1-3x} - \frac{\frac{1}{4}}{1+x}\right) + \frac{1}{1-x}$$
$$= \frac{\frac{1}{2}x}{(1-x)(1-3x)} - \frac{\frac{1}{2}x}{1-x^2} + \frac{1}{1-x}$$
$$= \frac{\frac{1}{4}}{1-3x} + \frac{\frac{3}{4}}{1-x} - \frac{\frac{1}{2}x}{1-x^2}$$

그러므로 $\frac{1}{4}(1-3x)^{-1}$에서 x^n의 계수는 $\frac{1}{4}3^n$, 또 $\frac{3}{4}(1-x)^{-1}$에서 x^n의 계수는 $\frac{3}{4}$, 마지막으로 $-\frac{x}{2}(1-x^2)^{-1}$에서 x^n의 계수는 n이 홀수일 때 $-\frac{1}{2}$, n이 짝수일 때 0이다. 결과를 모두 합치면, n이 홀수일 때 $a_n = \frac{1}{4}(3^n + 3)$ 그리고 n이 짝수일 때 $a_n = \frac{1}{4}(3^n + 1)$이다. ■

연습문제

1. (1) 예제 2에서 각 단계에서 1계단, 2계단 또는 3계단까지 오를 수 있다면 요정이 n 계단을 오를 수 있는 방법의 수에 대한 점화식을 구하시오.
   (2) 계단이 5개라면 이때의 방법의 수는?

2. (1) 1시간 동안 빨리 달리면 10마일을, 조깅을 하면 6마일을, 걸으면 3마일을 갈 수 있다. 매 시간 끝에 다음 한 시간 동안의 방법을 결정한다. n마일을 가는 방법의 수에 대한 점화식을 구하시오.
   (2) 20마일을 가는 데는 몇 가지 방법이 있는가?

3. (1) 1들이 연속적으로 올 수 없는 n자리 2진수열의 방법의 수에 대한 점화식을 구하시오.
   (2) 1들이 연속적으로 올 수 없는 n자리 3진수열의 방법의 수에 대한 점화식을 구하시오.
   (3) 1들과 2들이 각각 연속적으로 올 수 없는 n자리 3진수열의 방법의 수에 대한 점화식을 구하시오. (단 첫 자리수가 0인 것도 허용한다.)

4. $2\times n$판을 n개의 도미노(1×2판이나 2×1판)로 덮을 수 있는 경우의 수에 관한 점화식을 구하시오.

5. n자리 3진수열(0, 1, 2로 이루어진)중 어떤 2의 오른쪽에도 1이 없는 경우의 수에 대한 점화식을 구하시오. (단 첫 자리수가 0인 것도 허용한다.)

6. (1) 한 장의 종이에 n개의 직선이 있는데 그 중 k개는 평행하고 나머지$n-k$개는 모든 다른 직선과 만난다. 단, 세 직선은 한 점에서 만나지 않는다. n개의 직선으로 만들어지는 영역의 개수에 대한 점화식을 구하시오.
   (2) 만약 $n=9$, $k=3$일 때 영역의 개수를 구하시오.

7. n자리 3진수열중 "012"가 맨 끝에 처음으로 나타나는 경우의 수에 대한 점화식을 구하시오. (단 첫 자리수가 0인 것도 허용한다.)

8. 테니스 시합에서 $2n$명의 선수를 짝짓는 방법의 수에 대한 점화식을 구하시오.

9. n자리 2진법 수열에서 "00" 이 적어도 한 번 나타나는 경우의 수에 대한 점화식을 구하시오.

10. n자리 4진 수열(0, 1, 2, 3으로 이루어진)중에서 다음을 만족하는 경우의 수에 대한 점화식을 구하시오. (단 첫 자리수가 0인 것도 허용한다.)
    (1) 0이 짝수개
    (2) 0의 개수와 1의 개수의 합이 짝수
    (3) 0이 짝수개이고 1이 짝수개

11. 0과 1들이 각각 짝수개인 n자리 2진 수열로부터 우리가 계산할 수 있는 점화식을 구하시오.

12. 동전을 $2n$번 던지는데 앞면이 n번, 뒷면이 n번 나오면서 다음 조건을 만족하는 경우의 수에 대한 점화식을 구하시오.

(1) 한 번도 앞면의 개수가 뒷면의 개수보다 작지 않다.

(2) 앞면의 개수와 뒷면의 개수가 같은 것은 마지막 $2n$번 던진 후에 처음 일어난다.

13. 다음 점화식을 풀어보시오.

(1) $a_n = 3a_{n-1} + 4a_{n-2}$, $a_0 = a_1 = 1$

(2) $a_n = 2a_{n-1} - a_{n-2}$, $a_0 = a_1 = 2$

(3) $a_n = a_{n-2}$, $a_0 = a_1 = 1$

(4) $a_n = 3a_{n-1} - 3a_{n-2} + a_{n-3}$, $a_0 = a_1 = 1$, $a_2 = 2$

14. 다음 점화식의 해를 구하시오.

(1) $a_n = a_{n-1} + 3(n-1)$, $a_0 = 1$

(2) $a_n = a_{n-1} + n(n-1)$, $a_0 = 3$

15. 다음 점화식을 생성함수를 이용하여 풀어보시오.

(1) $a_n = a_{n-1} + 2$, $a_0 = 1$

(2) $a_n = 3a_{n-1} - 2a_{n-2} + 2$, $a_0 = a_1 = 1$

(3) $a_n = a_{n-1} + n(n-1)$, $a_0 = 1$

(4) $a_n = 2a_{n-1} + 2^n$, $a_0 = 1$

16. 다음 계수를 가진 생성함수에 대한 함수방정식을 구하시오.

(1) $a_n = \sum_{i=0}^{n-1} a_i a_{n-1-i} (n \geq 1),\ a_0 = 1$

(2) $a_n = \sum_{i=2}^{n-2} a_i a_{n-i} (n \geq 3),\ \ a_0 = a_1 = a_2 = 1$

(3) $a_n = \sum_{i=1}^{n-1} 2^i a_{n-i} (n \geq 2),\ a_0 = a_1 = 1$

17. 볼록n각형을 서로 교차하지 않는 대각선들을 그어서 삼각형들로 분해하는 방법의 수에 대한 점화식을 구하고 생성함수를 이용해서 그 해를 구하시오.

18. 1과 2가 각각 홀수개인 n자리 3진수 수열의 개수 a_n를 구하기 위해 연립점화식을 이용하여 풀어보시오.

19. 다음을 증명하시오.

(1) F_n이 짝수일 필요충분조건은 n이 3의 배수이다.

(2) F_n이 3의 배수일 필요충분조건은 n이 4의 배수이다.

(3) F_n이 4의 배수일 필요충분조건은 n이 6의 배수이다.

(4) F_n이 5의 배수일 필요충분조건은 n이 5의 배수이다.

20. 다음을 피보나치수가 관련된 식으로 간단히 하시오.

(1) $F_1 - F_2 + F_3 - \cdots - F_{2n}$

(2) $F_{n+1}F_{n-1} - F_n^2$

(3) $\sum_{k=1}^{2n} F_k F_{k-1}$

(4) $\sum_{k=0}^{n}\binom{n}{k}F_k$

(5) $\sum_{k=0}^{n}\binom{n}{k}2^k F_k$

(6) $F_1+F_3+F_5+\cdots+F_{2n+1}$

(7) $\sum_{k=1}^{n} kF_k$

(8) $\sum_{k=0}^{2n+1}\binom{2n+1}{k}F_k^2$

21. 집합 $S=\{1,\ 2,\ \cdots,\ n\}$ $(n=0$이면 $S=\varnothing)$이고 어떤 이웃한 두 정수도 없는 S의 부분집합의 개수를 구하시오.

22. 다음 부등식을 증명하시오.

(1) $F_n \leqq \left(\frac{5}{3}\right)^n,\quad (n \geqq 0)$

(2) $F_n \geqq \left(\frac{4}{3}\right)^n,\quad (n \geqq 2)$

23. 다음 관계를 증명하시오.

$$F_n^2 \mid F_m \Leftrightarrow nF_n \mid m,\quad (n>2)$$

24. 다음 등식을 증명하시오.

$$\sum_{k=0}^{2n}\binom{2n}{k}F_{2k+p}=5^n F_{2n+p}.$$

25. 극한값 $\lim_{n\to\infty}\frac{F_{n+1}}{F_n}=\frac{1+\sqrt{5}}{2}$을 증명하시오. [이 극한값은 유명한 황금분할의 비 (golden ratio)이다.]

26. F_n이 피보나치 수일 때, 즉 $F_i=F_{i-1}+F_{i-2}$, $F_0=F_1=1$, 다음 등식을 증명하시오.

(1) $\sum_{i=0}^{n} F_i = F_{n+2}-1$

(2) $\sum_{i=0}^{n} F_i^2 = F_n F_{n+1}$

(3) $\sum_{k=0}^{n} F_{2k} = F_{2n+1}$

(6) $F_m F_n + F_{m-1}F_{n-1} = F_{n+m}$

27. 두 부호 '+' 혹은 '−'로 이루어진 n개의 부호를 나열할 때 이웃한 '−'가 나타나지 않는 경우의 수는?

28. 수열 a_0, a_1, a_2, $\cdots$, a_n, $\cdots$이 $m \geqq 2$인 모든 자연수 m에 대하여

$$\begin{pmatrix}1 & 1\\ 1 & 0\end{pmatrix}^m = \begin{pmatrix}a_m & a_{m-1}\\ a_{m-1} & a_{m-2}\end{pmatrix}$$

인 관계식을 만족한다. 이때, 음이 아닌 모든 정수 n에 대하여 $a_{5n+1} \geqq 10^n$이 성립함을 증명하시오.

29. 수열 a_1, a_2, $\cdots$, a_{2n}은 n개의 '$+1$'과 n개의 '-1'로 이루어진 것인데 모든 $k=1,\ 2,\ \cdots,\ 2n$에 대하여 $a_1+a_2+\cdots+a_k \geqq 0$을 만족하는 수열의 개수를 구하시오.

30. 다음 $n\times n$ 행렬식의 값을 구하시오.

$$\begin{bmatrix} 1 & 1 & 0 & 0 & 0 & \cdots & 0 & 0 & 0 & 0 & 0 \\ 1 & 1 & 1 & 0 & 0 & \cdots & 0 & 0 & 0 & 0 & 0 \\ 0 & 1 & 1 & 1 & 0 & \cdots & 0 & 0 & 0 & 0 & 0 \\ 0 & 0 & 1 & 1 & 1 & \cdots & 0 & 0 & 0 & 0 & 0 \\ \cdot & \cdot & \cdot & \cdot & \cdot & \cdots & \cdot & \cdot & \cdot & \cdot & \cdot \\ 0 & 0 & 0 & 0 & 0 & \cdots & 0 & 1 & 1 & 1 & 0 \\ 0 & 0 & 0 & 0 & 0 & \cdots & 0 & 0 & 1 & 1 & 1 \\ 0 & 0 & 0 & 0 & 0 & \cdots & 0 & 0 & 0 & 1 & 1 \end{bmatrix}$$

31. 다음 $n\times n$ 행렬식의 값을 구하시오.

$$\begin{bmatrix} 2 & 1 & 0 & 0 & 0 & \cdots & 0 & 0 & 0 & 0 & 0 \\ 1 & 2 & 1 & 0 & 0 & \cdots & 0 & 0 & 0 & 0 & 0 \\ 0 & 1 & 2 & 1 & 0 & \cdots & 0 & 0 & 0 & 0 & 0 \\ 0 & 0 & 1 & 2 & 1 & \cdots & 0 & 0 & 0 & 0 & 0 \\ \cdot & \cdot & \cdot & \cdot & \cdot & \cdots & \cdot & \cdot & \cdot & \cdot & \cdot \\ 0 & 0 & 0 & 0 & 0 & \cdots & 0 & 1 & 2 & 1 & 0 \\ 0 & 0 & 0 & 0 & 0 & \cdots & 0 & 0 & 1 & 2 & 1 \\ 0 & 0 & 0 & 0 & 0 & \cdots & 0 & 0 & 0 & 1 & 2 \end{bmatrix}$$

32. 다음 점화식을 풀어보시오.

(1) $a_n = 4a_{n-2}\ (n \geqq 2)$; $a_0 = 0,\ a_1 = 1$

(2) $a_n = a_{n-1} + 9a_{n-2} - 9a_{n-3}\ (n \geqq 3)$; $a_0 = 0,\ a_1 = 1,\ a_2 = 2$

(3) $a_n = 3a_{n-2} - 2a_{n-3}\ (n \geqq 3)$; $a_0 = 1,\ a_1 = 0,\ a_2 = 0$

33. 다음 점화식을 풀어보시오.

$$a_n = 3a_{n-1} - 2a_{n-2},\quad a_0 = 2,\ a_1 = 3$$

34. 다음 점화식을 풀어보시오.

$$a_n - 6a_{n-1} + 9a_{n-2} = 0,\quad a_0 = 2,\ a_1 = 3$$

35. 다음 점화식을 풀어보시오.

$$a_n = \frac{1}{2}(a_{n-1} + a_{n-2}), \quad a_0 = 0, \ a_1 = 1$$

36. 다음 점화식을 풀어보시오.

$$a_n - 4a_{n-1} + 4a_{n-2} = 0, \quad a_0 = -\frac{1}{4}, \ a_1 = 1$$

37. 다음 점화식을 풀어보시오.

$$2a_n = a_{n-1} + 2a_{n-2} - a_{n-3}, \quad a_0 = 0, \ a_1 = 1, \ a_2 = 2$$

38. 다음 점화식을 풀어보시오.

$$a_n - 6a_{n-1} + 11a_{n-2} - 6a_{n-3} = 0, \quad a_0 = \frac{1}{3}, \ a_1 = 1, \ a_2 = 2$$

39. 다음 점화식을 풀어보시오.

$$a_n = -a_{n-1} + 16a_{n-2} - 20a_{n-3}, \quad a_0 = 0, \ a_1 = 1, \ a_2 = -1$$

40. 다음 점화식을 풀어보시오.

$$a_n + a_{n-1} - 3a_{n-2} - 5a_{n-3} - 2a_{n-4} = 0, \quad a_0 = 0, \ a_1 = 0, \ a_2 = 11, \ a_3 = -6$$

41. 다음 점화식을 풀어보시오.

$$a_n = \frac{1}{2}a_{n-1} - 3, \quad a_0 = 2(3 + \sqrt{3})$$

42. 다음 점화식을 풀어보시오.

$$a_n - 3a_{n-1} = 3 \cdot 2^n - 4n, \quad a_1 = 2$$

43. 점화식 $a_n - a_{n-1} = 4n - 1, \quad a_0 = 1$을 풀어보시오.

44. 다른 점화식을 풀어보시오.

$$a_n = pa_{n-1} + q \quad (a_0 = r\text{이고 } p,\ q,\ r\text{은 상수})$$

45. 수열 $\{a_n\}$이 $a_0 = 1,\ a_1 = \frac{3}{5}$을 만족시키고 수열 $\{a_n - \frac{1}{10}a_{n-1}\}$이 공비가 $\frac{1}{2}$인 등비수열일 때, 일반항 a_n을 구하시오.

46. 다음 점화식을 풀어보시오.

$$a_n^4 a_{n-1} = 10^{10} \quad (a_0 = 1,\ a_n > 0,\ n = 1,\ 2,\ \dots)$$

47. 양수 수열 $\{a_n\}$이 $a_n = 2\sqrt{a_{n-1}}$, $a_0 = 25$를 만족시킬 때, $\lim_{n \to \infty} a_n$의 값은?

48. 다음 점화식을 풀어보시오.

$$\left(\frac{a_n}{a_{n-1}}\right)^2 = \frac{a_{n-1}}{a_{n-2}} \quad \left[a_0 = \frac{1}{4},\ a_1 = 1\right]$$

49. 다음 점화식을 풀어보시오.

$$a_n + 3a_{n-1} = 4n^2 - 2n + 2^n, \quad a_0 = 1$$

50. 다음 점화식을 풀어보시오.

$$a_n - 2a_{n-1} + 2a_{n-2} = 0, \quad a_0 = 1, \ a_1 = 2$$

51. 다음 점화식을 풀어보시오.

$$a_n - 4a_{n-1} + 4a_{n-2} = 2^n, \quad a_0 = 0, \ a_1 = 3$$

52. 다음 점화식을 풀어보시오.

$$a_n - a_{n-1} - 2a_{n-2} = 4n, \quad a_0 = -4, \ a_1 = -5$$

53. 다음 점화식을 풀어보시오.

$$a_n + a_{n-1} - 2a_{n-2} = 2^{n-2}, \quad a_0 = a_1 = 0$$

54. 다음 점화식을 풀어보시오.

$$a_n - 3a_{n-1} + 2a_{n-2} = 2^n, \quad a_0 = 0, \ a_1 = 5$$

55. 다음 점화식을 풀어보시오.

$$a_n + 5a_{n-1} + 6a_{n-2} = 3n^2, \quad a_0 = 0, \ a_1 = 1$$

56. 다음 점화식을 풀어보시오.

$$pa_n + qa_{n-1} + ra_{n-2} = 0,$$

$(a_0 = s,\ a_1 = t,\ p,\ q,\ r,\ s,\ t$는 상수, $p+q+r=0,\ p\neq 0,\ s\neq t)$

57. 다음 점화식을 풀어보시오.

$$a_n = \frac{3a_{n-1}}{2a_{n-1}+1},\quad a_0 = \frac{1}{4}$$

58. 다음 점화식을 풀어보시오.

$$a_n = \frac{3a_{n-1}+1}{a_{n-1}+3},\quad a_0 = 5$$

59. 수열 $\{a_n\}$이 $(2-a_n)a_{n+1} = 1,\ (n \geqq 1)$을 만족시킬 때, $\lim_{n\to\infty} a_n$의 값은?

연습문제 해답

1. 순열과 조합

[1] (1)51 (2)26 (3)46

[2] 240

[3] $\frac{7!}{4!2!1!}\times\binom{8}{4}=7350$

[4] 5

[5] 12

[6] 30

[7] (1)66 (2)121

[8] $\frac{7}{128}$

[9] 12

[10] (1) 5040 (2) 4320

[11] 150

[12] 28

[13] 5^{10}, $\frac{10!}{(2!)^5}$

[15] 15120

[16] (1) 455 (2) 165 (3) 35

[17] 536

[18] (1) 5^{20} (2) $\frac{20!}{7!7!2!2!2!}$ (3) $\frac{20!}{(4!)^5}$

[19] $286\cdot 35\cdot 84=840840$

[20] (1)35960 (2) 17550 (3) 495

[21] 24

[22] $\binom{20}{3}-2\times 17-17\times 16-18=816$

[23] $\binom{r+k-2}{k-2}+\binom{r+k-3}{k-2}$

[24] 22

[25] (1) 2, 3, 4, 7, 8, 9 (2) 2, 3, 4, 6, 8, 10

[26] $\{x_7,\ x_4,\ x_2,\ x_1\}$

[27] 12 [28] 1100

[29] 4000

[30] 125

[31] $15\times 2\times 7!$

[32] 510

[33] (1) $(3\times 4+2\times 5)\times 8!$ (2) $1\times 9\times 8!+8\times 8\times 8!$

[35] $\binom{3+6-1}{3}=56$

[36] 3

[37] 21

[38] 1330

[39] 15

[40] 175

[41] 3000

[42] 84

[43] 21

[44] 285

[45] (1) 4320 (2) 2880

[46] 1232

[47] (1) 64 (2) 117856

[48] (1) 5040 (2) 3600 (3) 1440

[49] (1) $(n-1)!\times n!$ (2) $(n-1)!\times 2^n$

[50] (1) $\binom{11}{5}=462$ (2) $\binom{4}{2}\binom{7}{3}=6\times 35=210$

(3) $\binom{4}{3}\binom{7}{2}+\binom{4}{4}\binom{7}{1}=84+7=91$ (4) $\binom{11}{5}-\binom{9}{3}=462-84=378$

[51] $\dfrac{(2n)!}{(2!)^n\times n!}=\dfrac{(2n)!}{n!\times 2^n}$ [53] 44 [55] 45 [56] 2400

[57] (1) $(n+1)!-1$ (2) $1-\dfrac{1}{(n+1)!}$ [58] 1232

[59] (1) $(m+n)!$ (2) $n!\cdot {}_{n+1}P_m$ (3) $n!\cdot(m+1)!$ (4) $2\cdot(m+n-1)!$

[61] 1271 [62] (1) 8 (2) 16 (3) 108 [65] $7!\binom{8}{3}$ [66] 2400

[67] 720 [68] 231 [69] $\binom{m+1}{n}$ [70] 1785 [71] 157

[72] (1) $\binom{5}{2}\binom{8}{3}=560$ (2) $\binom{5}{2}\binom{7}{3}=350$

(3) $\binom{5}{2}\binom{4}{1}\binom{4}{2}=240$ (4) $\binom{13}{5}-\binom{5}{2}\binom{7}{3}=1287-350=937$

[73] (1) $\binom{n}{k}$ (2) $\binom{n}{2k}\cdot 2^{2k}$ (3) $\binom{2n}{2k}-\binom{n}{2k}\cdot 2^{2k}$ (4) $\binom{n}{2}\cdot\binom{n-2}{2k-4}\cdot 2^{2k-4}$

[75] (1) 675 (2) 115 [76] (1) 96 (2) 445 [77] 11754

[78] 2844 [79] 445 [80] (1) 13 (2) 40 (3) 256

[81] $\dfrac{n}{3}\binom{n-4}{2}$ [82] (1) $10!$ (2) $5!\times {}_6P_5$ (3) $6!\times 5!$ (4) $2\times 8!$

[83] $\binom{kn}{n}\binom{(k-1)n}{n}\cdots\binom{n}{n}\cdot((n-1)!)^n=\dfrac{(kn)!}{n^k}$

[86] 57 [87] (1) 72 (2) 51342 [88] 1156 [89] 161

[90] (1) 4^{10} (2) 4×3^9 [91] $(r_1+1)(r_2+1)\cdots(r_n+1)$

[92] ${}_{n-1}H_r+{}_{n-1}H_{r-1}=\binom{n+r-2}{r}+\binom{n+r-3}{r-1}$

[94] 360 [95] 1008 [96] (1) ${}_{10}H_5=\binom{10+5-1}{5}=\binom{14}{5}$ (2) 1372

[97] (1) 6^{10} (2) $\dfrac{10!}{3!3!}$ (3) $\binom{15}{5}$ (4) $\binom{9}{4}$ [98] $\binom{r-n(k-1)-1}{n-1}$

[99] 240 [100] 1440 [101] 216 [102] $L(r,n)=\dfrac{r!}{n!}\binom{r-1}{n-1}$

[103] (1) 252 (2) 231 [104] 190

2. 이항계수

[1] (1) $5^5 = 3125$ (2) 1 (3) 0 [2] 609

[3] (1) 2^n (2) 3^n (3) $(n+1) \cdot 2^n$ [4] -2^{49}

[5] (1) $\binom{l+1}{2}\binom{m+1}{2}\binom{n+1}{2} = \frac{1}{8}lmn(l+1)(m+1)(n+1)$ (2) $\frac{(l+m+n)!}{l!m!n!}$

[7] $\binom{n}{k}$ [9] $\frac{(2n-1)!}{[(n-1)!]^2}$ [11] $72\binom{n+2}{4}$

[12] (1) $(n+2)2^{n-1}$ (2) 0 [13] $\binom{n+1}{3}$ [14] $3 \cdot 2^{n-1}$

[15] $n(n-1)2^{n-2}$ [16] $\frac{1}{n+1}$ [17] $3n \cdot 4^{n-1}$

[18] $\binom{2n}{n-1}$ [19] $\binom{m+n}{n}$ [21] 169

[22] $\binom{n+3}{k}$ [23] 12600 [24] $\binom{m_1+m_2+m_3}{n}$

[25] 42 [27] $3\binom{n+3}{4}$ [30] $\binom{2n}{n}$

[31] $\sum_{r=1}^{n}\binom{n-1}{r-1} = 2^{n-1}$ [32] (1) $\sum_{i=0}^{r}\binom{n}{i}$ (2) $\sum_{i=0}^{n}\binom{n}{i} = 2^n$ (3) $\sum_{i=r-m}^{r}\binom{n}{i}$

[33] 504 [34] 1554 [35] (1) 21 (2) 45

[36] 567 [37] 315 [38] $\binom{m}{m}+\binom{m+1}{m}+\binom{m+2}{m}+\ldots+\binom{m+n}{m}=\binom{m+n+1}{m}$

[40] (1) $\binom{2n+1}{n}$ (2) $\binom{2n+1}{n+r}-\binom{n}{r-1}$ [41] $m!\binom{m+n+1}{n}$

[42] $\frac{n(n+1)(5n^2+5n+2)}{24}$ [45] 981

3. 비둘기집의 원리

[1] 109 [2] 52 [3] 51 [5] 5 [7] 13

[8] 51 [9] n^2+1 [10] 9 [11] 6 [21] 4

[26] 9 [27] 6

4. 포함배제의 원리

[1] 15 [2] 14766 [3] (1) 20% (2) 60% (3) 70%

[4] (1) 2 (2) 6 (3) 3 [5] (1) $\left[\frac{x}{n}\right]$ (2) 457 (3) 734 (4) $22m$

[6] $\sum_{k=0}^{n}(-1)^k\binom{n}{k}2^k(2n-k-1)!$ [7] $3^n-3\times 2^{n-1}$

[8] 228[9] $30-15-10-6+5+3+2-1=8$ [10] $1-\frac{9}{2^8}=\frac{247}{256}$

[11] $3\cdot 9^n-3\cdot 8^n+7^n$ [12] 105 [13] $\frac{4}{15}$

[14] 96 [15] 348 [16] $3^{20}-3\times 2^{20}+3\times 1$ [17] 5005

[18] 100 [19] $10^n-3\times 9^n+3\times 8^n-7^n$ [20] 135

[21] $\sum(-1)^k\binom{n}{k}(2n-k)!/2^{n-k}$

[22] $\binom{25+6-1}{25}-3\times\binom{18+6-1}{18}+3\times\binom{11+6-1}{11}-\binom{4+6-1}{4}$

[23] $\binom{33}{3}-4\binom{22}{3}+6\binom{11}{3}$

[24] $\binom{12+4-1}{12}-\binom{4}{1}\times\binom{10+3-1}{10}+\binom{4}{2}\times 9-\binom{4}{3}\times 1$

[25] $P(10,4)+\binom{10}{2}\times 4!/3!1!+10$ [26] $\sum_k(-1)^k\times\binom{n-1}{k}\times(n-k)!$

[27] $7!-9\times 6!+30\times 5!-46\times 4!+32\times 3!-8\times 2!$ [28] 489

[29] 3 [30] $5!-7\times 4!+16\times 3!-13\times 2!+2\times 1!$ [31] 960

[32] 39 [33] (2) 229 [34] 10 [35] 2301

[36] 73001 [37] (1) 9883 (2) 8921 [38] 485

[39] (1) 1314 (2) 174 [40] 28 [41] 72

[42] 271 [43] 25762

[44] (1) $k^4-4k^3+5k^2-2k$ (2) $k^4-5k^3+8k^2-4k$ (3) $k^5-5k^4+10k^3-10k^2+4k$

[45] 15 [46] 1547

5. 집합과 수의 분할

[1] 15 [2] 25 [3] (1) 15 (2) 31 [4] 41

[5] 11, 4 [6] (1) 8 (2) 4 [7] 90 [8] 301

[9] $\frac{1}{5}(n+1)^5-\frac{1}{2}(n+1)^4+\frac{1}{3}(n+1)^3-\frac{1}{30}(n+1)$

[11] 274 [12] 225 [16] e^{e^x-1} [19] 90

6. 생성함수

[1] $\frac{10!}{2!3!5!}=2520$ [2] 25 [3] $\binom{6+5-1}{6}=210$

[5] $\binom{15+10-1}{15}-10\times\binom{9+10-1}{9}+\binom{10}{2}\binom{3+10-1}{3}$ [6] 49,242

[7] 158 [8] 19 [9] 6055 [10] 780

[11] (1) $\binom{m+n}{n-r}$ 혹은 $\binom{m+n}{m+r}$ (2) $n\binom{2n-1}{n}$ (3) $(-1)^m\binom{n}{m}$

[12] $3^4-2^4-4\cdot 2^3=33$ [13] $3^5-3\cdot 2^5+3=150$

[14] (1) $\frac{1}{4}4^r=4^{r-1}$ (2) $\frac{1}{8}[6^n-(-2)^n]$ [15] 2^n

[16] (1) $\frac{1}{2}(3^r+1)$ (2) $\frac{1}{4}[3^r+2+(-1)^r]$

(3) $3^r-3\binom{r}{2}2^{r-2}+18\binom{r}{4}-90\delta_{r,6}$ (4) $\frac{1}{4}3^r-2^r+\frac{1}{4}(-1)^r+\frac{3}{2}$

(5) $\frac{1}{2}[3^r+(-1)^r]$ [17] $n!\frac{2(2^{n+1}-1)}{(n+2)!}=\frac{2(2^{n+1}-1)}{(n+2)(n+1)}$

[18] $a_n=\frac{1}{2}(2^n-1-(-1)^n)$ [19] $a_n=\frac{1}{2}(8^n+10^n)$ [21] 473

[22] (1) $\frac{1}{2}(3^n+1)$ (2) $n=0$일 때, 0이고 $n\geq 1$일 때, $\frac{3^n-2^n+1}{2}$

[23] $\frac{5^n+2\times 3^n+1}{4}$ [24] (1) $\frac{x}{(1-x)^2}$ (2) $\frac{x(1+x)}{(1-x)^3}$ (3) $\frac{4!x^4}{(1-x)^5}$

[25] $\frac{4^r-3^r-2^r+1}{2}$ [26] $4!\binom{n+1}{5}$ [27] a_r-a_{r-1}

[28] (1) $\frac{4x^2-3x+1}{(1-x)^3}$ (2) $\log_e(1-x)$

[29] $(1+x)(1+x^2)(1+x^3)\cdots(1+x^k)\cdots$

[30] $\dfrac{1}{(1-x)(1-x^5)(1-x^{10})}$

[31] $\left(1+x+\dfrac{x^2}{2!}+\dfrac{x^3}{3!}+\dfrac{x^4}{4!}+\dfrac{x^5}{5!}\right)^5$

[32] (1) $\dfrac{e^x}{x}$ (2) $\dfrac{1}{1-x}$

[33] $\left(\dfrac{x^2}{2!}+\dfrac{x^3}{3!}+\dfrac{x^4}{4!}\right)^6$

[34] 78

[35] (1) 140 (2) 80

7. 점화식

[1] (1) $a_n=a_{n-1}+a_{n-2}+a_{n-3}$, $a_1=1$, $a_2=2$, $a_3=4$ (2) 13

[2] (1) $a_n=a_{n-3}+a_{n-6}+a_{n-10}$ (2) 1

[3] (1) $a_n=a_{n-1}+a_{n-2}$ (2) $a_n=2a_{n-1}+2a_{n-2}$

(3) $a_n=a_{n-1}+2a_{n-2}+2a_{n-3}+2a_{n-4}+\cdots\cdots$

[4] $a_n=a_{n-1}+a_{n-2}$

[5] $a_n=2a_{n-1}+2^{n-1}$

[6] (1) $a_n=a_{n-1}+n$ $(n>k)$초기 조건은 $a_k=k+1$ (2) 43

[7] $a_n=3a_{n-1}-a_{n-3}$

[8] $a_n=(2n-1)a_{n-1}$, $a_1=1$

[9] $a_n=2a_{n-1}-a_{n-3}+2^{n-3}$

[10] (1) $a_n=3a_{n-1}+b_{n-1}$, $b_n=3b_{n-1}+a_{n-1}$

(2) $a_n=2a_{n-1}+2b_{n-1}$, $b_n=2b_{n-1}+2a_{n-1}$

(3) $a_n=b_{n-1}+c_{n-1}$, $b_n=c_n=4^{n-1}-b_{n-1}-c_{n-1}$

[11] $a_n=b_{n-1}+c_{n-1}$, $b_n=c_n=2^{n-1}-b_{n-1}-c_{n-1}$

[12] (1) $a_n=a_0a_{n-1}+a_1a_{n-2}+\cdots+a_{n-1}a_0$, $a_0=a_1=1$ (2) $b_n=a_{n-1}$

[13] (1) $a_n=\dfrac{2}{5}4^n+\dfrac{3}{5}(-1)^n$ (2) $a_n=2$ (3) $a_n=1$ (4) $a_n=\dfrac{1}{2}n^2-\dfrac{1}{2}n+1$

[14] (1) $a_n=3\dbinom{n}{2}+1$ (2) $a_n=2\dbinom{n+1}{3}+3$

[15] (1) $a_n=2n+1$ (2) $2^{n+1}-2n-1$ (3) $a_n=2\dbinom{n+1}{3}+1$ (4) $a_n=2^n+n\cdot 2^n$

[16] (1) $g(x)-1=xg(x)^2$ (2) $g(x)-1-x-x^2=(g(x)-1-x)^2$

(3) $g(x)-1-x=\dfrac{1}{1-2x}(g(x)-1)$

[17] $a_n = a_3a_{n-1} + a_4a_{n-2} + \cdots + a_{n-1}a_3, n \geqq 1 : a_1 = 1, a_n = \frac{1}{n-1}\binom{2n-4}{n-2}$

[18] n이 짝수일 때 $a_n = \frac{2}{15}(4^n - 1)$, n이 홀수일 때 $a_n = \frac{3}{15}(4^n - 4)$

[20] (1) F_{2n-1} (2) $(-1)^n$ (3) F_{2n}^2 (4) F_{2n} (5) F_{3n}

(6) F_{2n+2} (7) $(n+1)F_{n+2} - F_{n+4} + 2$ (8) 5^nF_{2n+1}

[21] F_{n+2} [27] F_{n+1} [29] $C_n = \frac{1}{n+1}\binom{2n}{n}(n \geqq 0)$

[30] $a_n = \cos\frac{n\pi}{3} + \frac{1}{\sqrt{3}}sin\frac{n\pi}{3}$ [31] $a_n = n+1$

[32] (1) $\frac{2^n - (-2)^n}{4}$ (2) $\frac{1}{12}(-3 + 4 \times 3^n - (-3)^n)$ (3) $\frac{8}{9} - \frac{2}{3}n + \frac{1}{9}(-2)^n$

[33] $a_n = 1 + 2^n$ [34] $a_n = (2-n)3^n$ [35] $a_n = \frac{2}{3}\left[1 - \left(-\frac{1}{2}\right)^n\right]$

[36] $a_n = (3n-1)2^{n-2}$ [37] $a_n = \frac{5}{2} + \frac{1}{6}(-1)^n - \frac{8}{3}\left(\frac{1}{2}\right)^n$

[38] $a_n = -\frac{1}{2} + 2^n - \frac{1}{6} \cdot 3^n$ [39] $a_n = \frac{5}{49} \cdot 2^n + \frac{n}{7} \cdot 2^n - \frac{5}{49}(-5)^n$

[40] $a_n = (n^2 + 2n - 1)(-1)^n + 2^n$ [41] $a_n = \left(\frac{1}{2}\right)^{n-1}(6 + \sqrt{3}) - 6$

[42] $a_n = 3^{n+1} - 6 \cdot 2^n + 2n + 3$ [43] $a_n = 2n^2 + 2n + 1$

[44] $p=1$일 때, $a_n = r + nq$이고 $p \neq 1$일 때, $a_n = p^n r + \frac{(p^n - 1)q}{p-1}$

[45] $a_n = -\frac{1}{4}\left(\frac{1}{10}\right)^n + \frac{5}{4}\left(\frac{1}{2}\right)^n$ [46] $a_n = 10^{2[1+(-1)^{n+1}2^{-2n}]}$

[47] 4 [48] $a_n = 2^{2\left[1 - \left(\frac{1}{2}\right)^{n-1}\right]}$

[49] $a_n = \frac{3}{5}(-3)^n + n^2 + n + \frac{1}{5} \cdot 2^{n+1}$

[50] $a_n = (\sqrt{2})^n\left(\cos\frac{n\pi}{4} + \sin\frac{n\pi}{4}\right)$ [51] $a_n = \left(n + \frac{1}{2}n^2\right)2^n$

[52] $a_n = 2^n - 2n - 5$ [53] $a_n = -\frac{1}{3} + \frac{1}{12}(-2)^n + 2^{n-2}$

[54] $a_n = -1 + 2^n + 2n \cdot 2^n$

[55] $a_n = -\frac{14}{9}(-2)^n + \frac{37}{32}(-3)^n + \frac{1}{4}n^2 + \frac{17}{24}n + \frac{115}{288}$

[56] $p \neq r$일 때, $a_n = s - \frac{p(t-s)}{r-p}\left[1 - \left(\frac{r}{p}\right)^n\right]$이고 $p = r$일 때, $a_n = s + (t-s)n$

[57] $a_n = \frac{3^{n-1}}{1+3^{n-1}}$ [58] $a_n = \frac{3 \cdot 2^{n-1}+1}{3 \cdot 2^{n-1}-1}$ [59] 1

참고문헌

윤영진, 새로운 조합수학, 교우사, 2003

윤영진, 특별한 수를 중심으로 조합수학, 경문사, 2001

최설희/윤영진, 조합수학, 경문사, 2000

황석근/이재돈/김익표, 이산수학, (주)블랙박스, 2001

K.P. Bogart, Introductory Combinatorics (2nd.), HBJ, 1990

R.A. Brualdi, Introductory Combinatorics(3rd.), North-Holland, 1999

M.J. Erickson, Introduction to Combinatorics, Wiley, 1996

R.L. Graham/ D.E. Knuth/ O. Patashnik, Concrete Mathematics, Addison-Wesley, 1989.

I. Niven, Mathematics of Choice : How to count without counting, The Mathematical Association of America, 1965.

G. Polya/ R.E. Tarjan/ D.R. Woods, Notes on Introductory Combinatorics, Birkh?ser, Boston, 1983.

F.S. Roberts, Applied Combinatorics, Prentice-Hall, 1984

R.P. Stanley, Enumerative Combinatorics, Volume I, Wadsworth & Brooks/Cole, 1986.

D. Stanton/ D. White, Constructive Combinatorics, Springer-Verlag, New York, 1986.

A. Tucker, Applied Combinatorics, John Wiley & Sons, 1995.

J.H. van Lint/ R.M. Wilson, A Course in Combinatorics, Cambridge, 1992

찾아보기

저자 약력

윤영진 (尹永振)

서울대학교 자연과학대학 수학과 졸업(이학사)
서울대학교 자연과학대학 대학원 수학과 졸업(이학석사)
University of North Texas 대학원 수학과 졸업(이학박사)
현재 군산대학교 자연과학대학 수학과 교수
저서 : 미분적분학, 조합수학, 수학개론,
특별한 수를 중심으로 조합수학,
정수론입문, 그래프이론, 새로운 조합수학,
새로운 이산수학, 대학기초수학, 대학수학의 이해,
정수론 문제탐구, 대학기초수학, 대수학의 이해,
새로운 이산수학 입문, 기초미적분학

이산수학 문제탐구

2010년 1월 5일 초판 인쇄
2010년 1월 15일 초판 발행

저 자 / 윤영진
발행자 / 오판근
발행처 / 교우사

주 소 / 서울 동대문구 제기2동 148-19
전 화 / 925-2861(代), 편집부 / 925-2825
팩 스 / 925-2860
E-mail / kyowoo@kyowoo.co.kr
http://www.kyowoo.co.kr

등록 / 1994. 3. 24 제6-0256호

ISBN 978-89-8172-806-9 (93410)

값 14,000원